外傭學做
中國菜

程安琪◎著

作者序

教外傭下廚

在我們日常生活中，要做的各種家務事有許多種，但是我相信最令人傷腦筋的一項，恐怕就是要烹煮一日三餐了，不知道要做什麼菜？不知道要做些什麼變化？不知道怎麼把菜做的美味可口？這對我們國人來講就不是件簡單的事，更不用說是對從生活飲食完全不同的地方來的外籍勞工了。

要怎麼教他們做出美味可口的中國菜，最起碼也是要對味道的菜，恐怕對大多數的人來說是一件困難的事。基於這個原因，我著手從我的食譜中挑選了 60 道菜餚，是一般家庭可以在日常中吃的。簡單的把它們分成肉類、海鮮、蔬菜、蛋與豆腐、湯和主食等六個部分，因為通常我們準備一餐的菜式，也是要從不同的項目中各選擇一樣，才能達到營養均衡的效果，分成不同的類別，方便做選擇。

為了方便大家教外籍勞工做菜，所以在這本外傭食譜中，我仍然是放了中文，另外選擇了佔外傭人數較多的菲律賓文及印尼文，我相信在一開始的時候仍然需要親自下廚教他們一些基本調味料的運用，因為他們的飲食和我們實在有很大的差別。記得十幾年前爸爸仍在世的時候，有一天媽媽出門，交代外勞炒個飯給爸爸吃，結果爸爸說看了就沒胃口了。因為有些調味料和食材是他們從來沒見過的。

我曾在兩三年前出版了一本～“簡單上手家常菜”，也是中、印、菲三種文字，結果受到許多人的認同與感謝，給了我很大的鼓勵，希望這本食譜也能對大家有所助益，讓家中的餐桌上出現更多營養可口的佳餚！

程安琪

CONTENTS

Part 2
海鮮上桌
海鮮・Pagkaing Dagat・Makanan laut

Part 3
百變蔬菜
蔬菜・Gulay・Sayur

Part 4
蛋 & 豆腐

蛋 & 豆腐 • Itlog & Tokwa • Telor & Tahu

Part 6
飽食麵飯

飯 & 麵 ・ Kanin & Pansit・Nasi & Mie

Paalala: K - kutsara
k - kutsarita
g - gramo

蔥燒大排骨

材　料：豬大排肉 3 片、青蔥 4 ～ 5 支、麵粉 1/4 杯、油 2 ～ 3 大匙
調味料：（1）醬油 2 大匙、酒 1 大匙、胡椒粉少許、水 2 大匙
　　　　（2）醬油 1 大匙、糖 1/2 茶匙、水 1 杯

● 做法：

1. 大排肉用刀背或肉槌敲打，使肉質拍鬆、肉排拍大。
2. 用調味料拌勻，醃泡 10 分鐘，下鍋前沾上一層薄薄的麵粉。
3. 炒鍋燒熱油，放下大排骨肉，以中火煎過豬排兩面，定型後盛出，每片切成 3 長條塊。
4. 把蔥段下鍋炒至焦黃有香氣，加入調味料（2），煮滾後放回大排肉，改用中火燒約 3 ～ 5 分鐘至熟，盛出、裝盤。

Porkchop na nay Dahon ng Sibuyas

Mga Sangkap：3 pirasong porkchop, 4～5 pirasong dahon ng sibuyas, 1/4 k harina, 2～3 K mantika

Panimpla：(1) 2K toyo, 1K alak, kaunting paminta, 2K tubig

(2) 1K toyo, 1/2 k asukal, 1 tasng tubig

● Paraan ng Pagluto：

1. Pukpukin ang porkchop gamit ang masong pangkarne o likod ng kutsilyo ng ilang beses hanggang sa lumambot at lumapad ang karne.
2. Ihalo ang panimpla (1) sa karne ng 10 minuto. Balutin ng kaunting harina bago iprito.
3. Magpainit ng mantika at iprito ang karne sa katamtamang init hanggang sa mag iba ang kulay ng magkabilang bahagi ng karne. Hanguin ang karne at hiwain sa tatlo.
4. Maggisa ng dahon ng sibuyas hanggang sa bumango, ibuhos ang panimpla (2) . Ilagay ang napritong karne kapag kumulo ang sarsa. Iluto sa katamtamang apoy ng 3～5 minuto hanggang sa maluto. Hanguin at ilagay sa plato.

Daging babi masak daun bawang

Bahan： 3 ptg babi, 4-5 btg daun bawang, 1/4 cangkir tepung, 2～3 sdm minyak

Bumbu：(1) 2 sdm kecap, 1 sdm arak, sedikit lada, 2 sdm air

(2) 1 sdm kecap, 1/2 sdm gula, 1 cangkir air

● Cara memasak :

1. Daging babi dipukukul-pukul dulu pakai pisau nsecara berbalik biar daging empuk.
2. Bumbuin daging dengan bumbu (1) selama 10 menit. Sebelum digoreng lumuri dulu dengan tepung.
3. Panaskan minyak untuk menggoreng babi, dengan api sedang, masak sampai berwarna kuning emas, angkat dan potong-potong jadi beberapa potong.
4. Tumis daun bawang, masukan bumbu (2), setelah mendidih masukan babi, masak dengan api sedang selama 3～5 menit, sampai matang Siap sajikan.

糖醋燒排骨

材　料：小排骨 600 公克、青菜 200 公克、薑 1 片、蔥 1 支（切長段）
　　　　八角 1/2 顆、油 2 大匙
調味料：酒 1 大匙、醬油 4 大匙、冰糖 2 大匙、醋 3 大匙、水 2 杯

● 做法：

1. 小排剁成約 3 公分的小段，用熱水汆燙後撈出，沖洗一下、瀝乾水分。
2. 另起油鍋煎香薑片和蔥段，加入調味料煮滾，加入排骨，以小火燒煮 1 個小時以上。
3. 青菜炒熟，加少許鹽調味，盛放盤中墊底（不要湯汁）。
4. 見排骨已燒得十分爛，且湯汁已將要收乾時，即可盛放在青菜上。

Matamis at Maasim na Tadyang ng Baboy

Mga Sangkap：600g ng tandyang ng baboy, 200g ng berdeng gulay, 1 hiwa ng luya, 1 pirasong dahon ng sibuyas(hiniwa sa seksyon), 1/2 star anise, 2 K mantika

Panimpla：1 K alak, 4 K toyo, 2 K asukal, 3 K suka, 2 tasang tubig

Paraan ng Pagluto：

1. Hiwain ang tadyang ng baboy sa 3 sentimetrong sukat, pakuluan ng mabilis at hanguin. Hugasan at patuyuin.
2. Mag init ng 2 kutsarang mantika at igisa ang dahon ng sibuyas at luya, ilagay lahat ng panimpla at pakuluan. Ilagay ang tadyang ng baboy, ilaga ng 1 ~ 1 1/2 oras.
3. Igisa ang ang hiniwang gulay, timplahan ng asin, hanguin at ilagay sa pinggan.
4. Kapag lumambot na ang tadyang ng baboy, palakihin ang apoy para lumapot ang sarsa, hanguin at ilagay sa ibabaw ng gulay.

Baikut asem manis

Bahan：600g baikut, 200g sayur hijau, 1 iris jahe, 1 btg daun bawang, 1/2 bunga bintang,2 sdm minyak

Bumbu:：1 sdm arak, 4 sdm kecap, 2 sdm gula,batu, 3 sdm cuka, 2 cangkir air

Cara memasak :

1. Potong-potong baikut menjadi 3 cm perpotongnya, rebus sebentar dan angkat cuci dan tiriskan.
2. Panaskan 2 minyak tumis jahe, daun bawang, dan semua bumbu didihkan masukan baikut, tutup selama 1 ~ 1 1/2 jam.
3. Tumis sayur hijau bumbui garam, angkat taruh atas piring.
4. Kalau baikut sudah matang , angkat taruh atas diatas sayur yg sudah ditumis. Siap sajikan.

鹹蛋瓜仔肉

材　料：醬瓜 1/2 杯、豬前腿絞肉 250 公克、鹹鴨蛋 2 個、大蒜泥 1/2 茶匙
調味料：鹽 1/4 茶匙、水 2～3 大匙、酒 1 茶匙、醬瓜汁 1 大匙（或醬油 1/2 大匙）
　　　　胡椒粉 1/6 茶匙、糖 1/4 茶匙、太白粉 1 大匙

● 做法：

1. 將絞肉再剁細一點，放入大碗內，先加入鹽和水攪拌，攪拌至有黏性。
2. 再繼續加入酒、醬瓜汁、胡椒粉和糖攪拌至完全吸收。最後加入太白粉拌勻。
3. 醬瓜切成小丁粒；和大蒜泥一起加入絞肉料內，再續向同一方向攪拌均勻，如果絞肉餡仍顯得較乾，可以再加一點水拌勻。放入一個有深度的盤子裡。
4. 鹹鴨蛋取用蛋黃，一個切成兩半，放在絞肉上。
5. 放入蒸鍋（或電鍋）中，以大火蒸熟（約 20 分鐘）即可。

Pinasingawang Giniling na Karneng Baboy na may Itlog na Maalat

Mga Sangkap：1/2 tasang atsarang pipino, 250g giniling na baboy,
2 pirasong pula ng itlog na maalat, 1/2 k minasang bawang

Panimpla：1/4 k asin, 2～3 K tubig, 1 k alak,
1 K tubig ng preserbang pipino o 1/2 K toyo,1/6 k paminta, 1/4K asnkal, 1 K cornstarch

Paraan ng Pagluto：

1. Tadtarin ang giniling na karne, ilagay sa mangkok, ihalo sa asin at tubig hanggang sa lumapot.
2. Dagdagan ng alak, tubig ng atsarang pipino, paminta, at asukal at ihalo ng maigi. Haluan ng cornstarch sa huli, ihalo uli.
3. Tadtarin ang atsarang pipino, ilagay ang karne at minasang bawang at ihalo, pwede dagdagan ng tubig uli kung ang karne ay medyo tuyo pa. Ilagay sa malalim na pinggan.
4. Hatiin ang pula ng itlog na maalat, ipatong sa ibabaw ng hinalong karne ng baboy.
5. Pasingawan sa malakas na apoy ng 20 minuto hanggang sa maluto (pwedeng baliktarin ang pulang itlog na maalat habang pinasisingawan ang karne).

Stim babi dan telor asin

Bahan：1/2 cangkir asinan timun, 250g babi cincang, 2 telor asin,
1/2 sdm daun bawang cincang

Bumbu：1/4 sdm garam 2～3 sdm air, 1 sdm arak, 1 sdm jus dari asinan timun
(1/2 sdm kecap), 1/6 sdm lada, 1/4 sdm gula, 1 sdm tepung maizena

Cara memasak :

1. Daging babi cincang sebentar, taruh di mangkok aduk tambahkan gram dan air aduk sampai lengket.
2. Tambahkan arak, jus dari asinan timun,lada dan gula aduk rata dan tambahkan tepung aduk lagi.
3. Cincang asinan timun tambahkan ke aduan babi, masukan bawang putih, aduk lagi, taruh di piring.
4. Taruh telor diatas daging.
5. Stim dengan api besar selama 20 menit, sampai matang Siap sajikan.

滷肉 / 滷蛋

材　料：五花肉 1 條（約 450 公克）、雞蛋 6 個、蔥 2 支（切段）、薑 2 片、八角 1 顆
　　　　大蒜 2 粒（輕拍裂）、紅辣椒 1 支

調味料：酒 1/4 杯、醬油 1/3 杯、冰糖 1 大匙

● 做法：

1. 將五花肉整條用熱水汆燙約 1 分鐘，撈出、沖洗乾淨（或以熱油炸過）。
2. 鍋中燒熱 1 大匙油，放入蔥段、薑片、大蒜和八角炒至香氣透出。
3. 倒入酒和醬油，煮至醬油香氣透出，加入約 4 杯的水，大火煮滾後放下五花肉和紅辣椒，改小火慢燒，滷約 1 個小時之後關火，浸泡 1 小時。
4. 雞蛋放冷水中，水中加少許鹽，煮成白煮蛋。剝除蛋殼，在肉煮至最後 10 分鐘時放入滷肉中同煮，並一起浸泡。
5. 滷肉和滷蛋切塊上桌，淋上一些滷汁。

Nilagang Baboy na may Itlog

Mga Sangkap：450g baboy (tiyan o balikat), 6 na pirasong itlog,
2 pirasong dahon ng sibuyas, 2 hiwa ng luya, 1 star anise,
2 pirasong bawang, 1 pirasong sili

Panimpla：1/4 tasang alak, 1/3 tasang toyo, 1 K asukal

Paraan ng Pagluto：

1. Pakuluan ang buong piraso ng baboy ng 1 minuto, hanguin at hugasan.(pwedeng iprito sa mantika)
2. Magpainit ng 1 kutsarang mantika at igisa ang dahon ng sibuyas, bawang at star anise.
3. Dagdagan ng alak at toyo kapag bumango. Dagdagan ng 4 na tasang tubig at pakuluan. Ilagay ang baboy at sili, ilaga ng 1 na oras. Patayin ang apoy, ibabad ang baboy sa kanyang sarsa ng 1 oras.
4. Ilaga ang itlog (lagyan ng kaunting asin ang tubig) hanggang maluto, hanguin at ibabad sa malamig na tubig. Balatan ang itlog. Ilaga ang binalatang itlog at nalutong baboy ng 10 minuto. Itabi pansamantala.
5. Hiwain ang baboy at itlog, ilagay sa plato at buhusan ng sarsa at ihain.

Semur daging babi dan telor

Bahan：450g babi, 6 telor, 2 btg daun bawang, 2 iris jahe, 1 bunga bintang,
2 siung bawang putih, 1 cabe merah

Bumbu：1/4 cangkir air, 1/3 cangkir kecap, 1 sdm gula batu

Cara memasak :

1. Babi rebus sebentar sekitar 1 menit,angkat dan tiriskan (goring dengan api besar sebentar).
2. Panaskan 1 sdm minyak tumis daun bawang , bawang putih, jahe, dan bunga bintang.
3. Tambahkan arak dan kecap biar wangi, tambahkan 4 cangkir air didihkan masukan babi, dan cabe merah masak selama 1 jam matikan api, dan diamkan babi dan tutup selama 1 jam.
4. Rebus telor, (dalam air tambahkan garam) sampai matang , angkat kupas kulit, masukan telor kedaging masak selama 10 menit ,diamkan dengan daging.
5. Potong babi dan telor dan tuangkan sausnya diatasnya. Siap sajikan.

海帶紅燒肉

材　料：五花肉或梅花肉 600 公克、海帶結 200 公克、蔥 3 支、薑 2 片、八角 1 顆
調味料：酒 1/4 杯、醬油 1/3 杯、冰糖 1 大匙

● 做法：

1. 將豬肉切塊，用熱水汆燙約 1 分鐘，撈出、沖洗乾淨。
2. 海帶結也放入滾水中燙一下，撈出。
3. 鍋中燒熱 1 大匙油，放入蔥段、薑片和八角，炒至香氣透出。
4. 放入豬肉，淋下酒和醬油，再炒至醬油香氣透出，加入約 2 1/2 杯的水，大火煮滾後改小火慢燒。
5. 約 40 分鐘後，放入海帶結，再煮約 30 分鐘，見肉與海帶均已夠軟，開大火收汁，至湯汁收濃稠即可關火。

Nilagang Baboy na may Damong Dagat

Mga Sangkap：600g baboy (tiyan o balikat), 200g halamang dagat,
3 pirasong dahon ng sibuyas, 2 hiwa ng luya, 1 star anise

Panimpla：1/4 tasang alak, 1/3 tasang toyo, 1 K asukal

Paraan ng Pagluto：

1. Hiwain ang baboy at pakuluan ng 1 minuto. Hanguin at hugasan.
2. Pakuluan ang halamang dagat na ibinuhol, hanguin.
3. Mag init ng 1 kutsarang mantika at igisa ang dahon ng sibuyas, luya at star anise hanggang bumango.
4. Ilagay ang baboy at buhusan ng alak at toyo, igisa pansamantala. Lagyan ng 2 1/2 tasa ng tubig, pakuluan, paliitin ang apoy matapos kumulo.
5. Ilaga ng 40 minuto at ilagay ang alamang dagat. Ilaga uli ng 30 minuto hanggang sa
6. lumambot. Palakihin ang apoy para mabawasan ang sarsa.

Semur babi sama rumput laut

Bahan：600g babi, 200g rumput laut, 3 btg daun bawang, 2 iris jahe, 1 bunga bintang

Bumbu：1/4 cangkir arak, 1/3 cangkir kecap, 1 sdm gula batu

Cara memasak :

1. Potong daging babi jangan terlalu kecil atau besar, rebus sebentar sekitar 1 menit, angkat dan cuci dan bersihkan.
2. Rumput laut rebus sebentar , angkat tiriskan.
3. Panaskan minyak untuk menumis daun bawang, jahe, dan bunga bintang tumis sampai wangi.
4. Masukan babi a,arak, kecap tumis sebentar, tambahkan 2 1/2 cangkir air, didihkan dengan api kecil, teruskan masak.
5. Masak kira - kira 40 menit, masukan rumput laut, masak 30 menit, sampai matang Siap sajikan.

四季豆肉丸

材　料：四季豆 200 公克、絞豬肉 400 公克、蝦米 40 公克、蔥 2 支、香菜 1 支
調味料：鹽 1/4 茶匙、水約 3 ～ 4 大匙、醬油 2 大匙、太白粉 1 大匙、麻油 1 大匙

● 做法：

1. 四季豆摘好、放入滾水中燙煮 2 分鐘，撈出、用水沖涼後切成小丁。
2. 蝦米泡軟、摘好、切碎；葱切成蔥花；香菜切碎。
3. 絞肉要再剁一下，放入大碗中，先加鹽和水攪拌、摔打出黏性，再加入醬油和麻油拌勻。
4. 放入四季豆、蝦米、蔥花和香菜拌勻，做成圓形丸子放在盤子上。
5. 全部做好後入蒸鍋蒸至熟，視丸子大小，蒸約 12 ～ 15 分鐘。

Betsuelas (Baguio Beans) at Karneng Bola-bola

Mga Sangkap：200g Betsuelas, 400g giniling na karneng baboy, 40g hibi,
2 tangkay ng dahon ng sibuyas, 1 tangkay ng wansoy
Panimpla：1/4 k asin, 3～4 K tubig, 2 K toyo, 1 K cornstarch, 1 K sesame oil

Paraan ng Pagluto：

1. Putulin ang magkabilang dulo ng betsuelas o baguio beans, ilagay sa kumukulong tubig ng 2 minuto. Patuluin, banlawan sa malamig na tubig at hiwain ng maliliit na kuwadrado.
2. Ibabad ang hibi para lumambot, linisin at hiwain sa maliliit. Tadtarin ang dahon ng sibuyas at wansoy.
3. Tadtarin ang karneng baboy, ilagay sa malaking mangkok, ihalo ang asin at tubig, haluin sa iisang direksyon hanggang sa lumapot. Ilagay ang toyo at sesame oil at haluin ng maigi.
4. Ilagay ang betsuelas, tuyong hipon, dahon ng sibuyas at wansoy at haluin ng maigi. gawing hugis bilog sa katamtamang lalaki at ilagay sa plato.
5. Pasingawan ang bola-bola ng 12～15 minuto hanggang sa maluto (depende sa laki ng pagkagawa ng bola-bola). Hanguin at ihain.

Bakso buncis

Bahan：200g buncis, 400g daging giling, 40g udang kering, 2 btg daun bawang,
1 btg daun wansui
Bumbu：1/4 sdm garam, 3～4 sdm air, 2 sdm kecap, 1 sdm tepung maizena,
1 sdm minyak

Cara memasak :

1. Buncis di iris-iris, rebus sebentar sekitar 2 menit angkat cuci pakai air dingin.
2. Rendam udang kering biar lunak, dan cincang, iris kecil daun bawang dan daun wansui.
3. Babi dicincang lagi sebentar, taruh di mangkok besar, campurkan garam dan air, aduk jadi satu sampai lengket.tambahkan kecap dan minyak wijen aduk lagi.
4. Masukan buncis, udang kering , daun bawang dan daun wansui aduk rata dan bulatkan bakso taruh dipiring.
5. Stim bakso sekitar 12～15 menit (terserah anda selerah ukuran bakso) stim sampai matang Siap sajikan.

蒼蠅頭

材　料：粗絞肉 200 公克、韭菜花 150 公克、豆豉 1 1/2 大匙、紅辣椒 2 支
調味料：醬油 1 1/2 大匙、糖 1 茶匙、鹽少許

● 做法：

1. 韭菜花洗淨、切成小丁；豆豉沖洗一下，再泡約 3 ～ 5 分鐘；紅辣椒切小丁。
2. 用 2 大匙油將絞肉炒散，放下豆豉和紅辣椒，小火將豆豉炒香。
3. 放入韭菜花，改大火炒透，加入調味料炒勻即可。

★ Tips
不要太辣的話，紅辣椒可以最後再加入。

Ginisang Bulaklak ng Leeks na may Tausi

Mga Sangkap：200g giniling na karneng baboy, 150g bulaklak ng leeks, 1 1/2 K tausi, 2 pirasong sili

Panimpla：1 1/2 Kg toyo, 1 k asukal, 1 k asin

Paraan ng Pagluto：

1. Hugasan ang bulakalak ng leeks, hiwain pakwadrado; hugasan ang tausi at ibabad sa tubig ng 3～5 minuto, hiwain pakwadrado ang sili.
2. Igisa ang giniling na karne sa 2 kutsarang mantika, ilagay ang tausi at sili, igisa sa mahinang apoy hanggang sa bumango.
3. Ilagay ang bulaklak ng leek at panimpla, palakihan ang apoy hanggang sa maluto.

★ Tips

Maaring ilagay ang sili sa huli kung ayaw mo ng masyadong maanghang. Maglagay ng kaunting tubig kung ang leek ay natuyo, kung hindi masusunog ang tausi. Ang tubig ang nagpapabilis sa pagluto ng leek at nagpapalutong nito.

Bunga kucai cah daging cincang+ kacang hitam

Bahan：200g babi cincang, 150g bunga kucai, 1 1/2 sdm kacang hitam kaleng, 2 cabe merah

Bumbu：1 1/2 sdm kecap, 1 sdm gula, sedikit garam

Cara memasak :

1. Cuci bunga kucai dan iris kecil. Cuci kacang hitam dan rendam sekitar 3～5 menit, iris cabe merah.
2. Tumis babi dengan 2 sdm minyak, masukan kacang hitam, tumis dengan api kecil sampai bau wangi.
3. Masukan bunga kucai dan putar dengan api besar, tumis sampai bunga kucai matang. Siap sajikan.

★ Tips

Perlu diketahui untuk masak sapi dengan cepat.

雪菜肉末

材　料：絞肉 120 公克、雪菜 450 公克、筍 1 小支、蔥花少許、紅辣椒 2 支
調味料：醬油 1 大匙、糖 2 茶匙、鹽少許

● 做法：

1. 筍去殼、切成細絲。紅辣椒切小段。
2. 雪裡紅漂洗乾淨，擠乾水分，嫩梗部分切成細屑，老葉部分不用，再擠乾一些。
3. 炒鍋中用 1 大匙油爆香蔥花，放下筍絲炒至香氣透出，加入水約 2/3 杯，小火煮約 5 分鐘，連汁一起盛出（湯汁約有 2 ～ 3 大匙）。
4. 將 3 大匙油燒熱，放入絞肉炒熟，加入紅辣椒段和雪裡紅快速拌炒，見雪裡紅已炒熱，加入醬油和糖再炒，炒勻後放入筍絲，以大火繼續拌炒。
5. 炒至湯汁即將收乾，嚐一下味道，可加鹽調整味道。

★ Tips

1. 雪裡紅的鹹度不定，最後炒勻要關火前嚐一下味道，再作調整。
2. 雪裡紅炒之前要擠乾，其汁會帶苦澀味。

Ginisang Preserbang Berdeng Mustasa na may Giniling na Baboy

Mga Sangkap：120g giniling na karne, 450g preserbang berdeng mustasa, 1 pirasong labong, 1 K dahon ng sibuyas, 2 pirasong sili
Panimpla：1 K toyo, 2 k asukal, kaunting asin

Paraan ng Pagluto：

1. Balatan ang labong at hiwain ng maninipis, hiwain pakawadrado ang sili
2. Hugasan at pigain ang tubig sa preserbang mustasa, idais ang tangkay at itapon ang matigas na dahon. Seguraduhing napiga ang sobrang tubig.
3. Mag init ng 1 kutsarang mantika at igisa ang dahon ng sibuyas, ilagay ang labong, igisa hanggang sa bumango, buhusan ng 2/3 tasa ng tubig, lutuin ng 5 minuto, hanguin kasama ang sabaw (2～3 kutsara)
4. Mag init ng 3 kutsarang mantika at igisa ang giniling na karne hanggang maluto. Ilagay ang sili at preserbang mustasa, igisa sa malakas na apoy, kapag uminit, ilagay ang toyo at asukal at igisa uli. ilagay ang labong, igisa hanggang sa humalo ng maigi.
5. Lasahan kapag ang sabaw ay kaunti nlng, lagyan ng asin kung kinakailangan.

★ Tips

1. Ang kaalatan ng preserbang mustasa ay magkaiba, lasahan muna bago timplahin kung kailangan.
2. Pigain ang mustasa bago igisa (ang tubig nito ay maalat).

Asinan sawi hijau cah babi cincang

Bahan：120g babi cincang, 450g asinan sawi hijau, 1 rebung, 1 btg daun bawang, 2 cabe merah
Bumbu：1 sdm kecap, 2 sdm gula, sedikit garam

Cara memasak :

1. Rebung diiris-iris korek api. Cabe merah di potong.
2. Cuci asinan sawi, dan peras airnya, iris batangny a dan pisah kan.
3. Panaskan 1 sdm minyak tumis daun bawang, masukan rebung tumis sampai wangi, tambahkan air 2/3 cangkir,masak dengan api kecil selama 5 menit.
4. Panaskan minyak 3 sdm tumis babi sampai matang, masukan cabe dan sawi tumis dengan api besar, masukan kecap dan gula dan tumis lagi, masukan rebung tumis jadi satu.
5. Tumis sampai lengket da sedikit kering dan rasakan bila perlu tambahkan garam. Siap sajikan.

★ Tips

1. Biasanya asinan sawi rasnya lain –lain harus dicoba asi apa engagak.
2. Sebelum memasak asinan sawi harus di cuci bersih dan dip eras airrnya, biar rasnya enak.

番茄炒豬肝

材　料：豬肝 200 公克、番茄 2 個、黃瓜 1 條、蔥 2 支、蒜末 1 茶匙

調味料：（1）醬油 1/2 大匙、酒 1/2 大匙、太白粉 1 大匙、胡椒粉 1/4 茶匙

（2）糖 1/2 茶匙、鹽 1/4 茶匙、水 3 大匙

（3）醬油膏 1 大匙、酒 1/2 大匙、胡椒粉少許、麻油少許、水 2 大匙、太白粉水 1 茶匙

● 做法：

1. 豬肝切成薄片，用調味料（1）拌勻，醃 2-3 分鐘。
2. 番茄燙去外皮、切塊；黃瓜切片；蔥切段。
3. 煮滾 5 杯水，放下豬肝燙 5 秒，馬上撈起、瀝乾。
4. 鍋中熱油 2 大匙，爆香蔥段和蒜末，放下番茄翻炒一下，加入調味料（2）燜煮 1 分鐘。
5. 加入黃瓜片和豬肝炒一下，再加入依序調味料（3）炒勻，裝盤。

Atay ng Baboy na may Kamatis

Mga Sangkap：200g atay ng baboy, 2 pirasong kamatis, 1 pipino,
2 tangkay ng dahon ng sibuyas, 1 k tinadtad na bawang

Panimpla：

(1) 1/2 K toyo, 1/2 K alak, 1 K cornstarch, 1/4 k paminta

(2) 1/2 k asukal, 1/4 k asin, 3 K tubig

(3) 1 K toyo na malapot, 1/2 K alak, kaunting paminta, kaunting sesame oil , 2 K tubig, 1 k cornstarch na may tubig

Paraan ng Pagluto：

1. Hiwain ang atay ng baboy, haluin sa panimpla (1) ng 2～3 minuto.
2. Pakuluan ang kamatis para maalis ang balat, hiwain. Hiwain ang pipino; hiwain ang dahon ng sibuyas ng seksyon.
3. Pakuluan ang atay ng baboy ng 5 segundo sa 5 tasang tubig, hanguin at patuluin ang tubig.
4. Igisa ang bawang at sibuyas sa 2 kutsarang mantika, ilagay ang kamatis at panimpla (2) , lutuin ng 2 minuto.
5. Ilagay ang pipino at atay ng baboy, igisa ng kaunti, dagdagan ng panimpla (3), igisa ng maigi hanggang sa maluto ang atay ng baboy. Ilagay sa plato at ihain.

Hati babi cah tomat

Bahan：

200g ati babi, 2 buah tomat, 1 timun, 2 btg daun bawang, 1 sdm bawang putih cincang

Bumbu：

(1) 1/2 sdm kecap, 1/2 sdm arak, 1 sdm tepung, 1/4 sdm lad

(2) 1/2 sdm gula, 1/4 garam , 3 sdm air

(3) 1 sdm kecap kental, 1/2 sdm arak, sedikit lada, beberapa tetes minyak wijen, 2 sdm air, 1 sdm tepung maizena

Cara memasak :

1. Hati babi iris tipis, campurkan bumbu (1) selama 2～3 menit.
2. Kupas kulit tomat, dan potong-potong, dan timun potong tipis , daun bawang potong - potong 5 cm,
3. Didihkan air sebanyak 5 cangkir, rebus hati babi dengan api kecil selama 5 detik, dan angkat tiriskan.
4. Panaskan 2 sdm minyak untuk menumis daun bawang dan bawang putih, dan tomat masukan bumbu (2) masak 1 menit.
5. Masukan timun dan hati babi, tumis sebentar, masukan bumbu (3) tumis sebentar. Siap sajikan.

洋蔥番茄燒牛肉

材　料：肋條肉 900 公克、番茄 2 個、洋蔥 1 個（切塊）、 大蒜 2 粒（拍裂）
　　　　月桂葉 3 片、八角 1 顆、油 2 大匙

調味料：酒 1/2 杯、淺色醬油 4 大匙、水 2 1/2 杯、鹽 1/2 茶匙、糖適量

● 做法：

1. 牛肉切成約 4 公分大的塊狀，用滾水燙煮至變色，撈出、洗淨。
2. 番茄劃刀口，放入滾水中燙至外皮翹起，取出泡冷水，剝去外皮，切成 4 或 6 小塊。
3. 鍋中燒熱油來炒香洋蔥和大蒜，加入番茄塊再炒，炒到番茄出水變軟。
4. 將牛肉倒入鍋中，再略加翻炒，淋下酒和醬油，大火煮 1 分鐘。
5. 加入月桂葉、八角和水，換入燉鍋中，先煮至滾，再改小火燒煮約 2 個小時以上，或至喜愛的軟爛度。加鹽和糖調妥味道即可。

★ Tips

如使用進口牛肉則比較容易煮爛，時間要縮短。

Nilagang Baka na may Sibuyas at Kamatis

Mga Sangkap：900g karne ng baka o kenchi, 2 kamatis, 1 sibuyas (hiniwa),
2 pirasong bawang (dinurog), 3 pirasong dahon ng laurel, 1 star anise, 2 K mantika
Panimpla：1/2 tasang alak, 4 K toyo, 2 1/2 tasang tubig, 1/2 k asin, asukal

Paraan ng Pagluto：

1. Hiwain ang karne ng baka sa pirasong 4 na sentimetro ang laki, pakuluan ng mabilis,hanguin at hugasan.
2. Hiwaan ng 4 na hiwa ang balat ng kamatis, pakuluan ng 1 minuto, at ibabad sa malamig na tubig para maalis ang balat, hiwain sa 4 o 6 na piraso.
3. Igisa ang sibuyas at bawang sa mainit na mantika. Ilagay ang kamatis at igisa hanggang sa lumambot.
4. Ilagay ang karne ng baka, igisa at buhusan ng alak at toyo.ilaga sa malakas na apoy ng 1 minuto.
5. Ilagay ang dahon ng laurel, star anise at tubig, ilipat sa kaserola at pakuluan, kapag kumulo hinaan ang apoy at ilaga ng 1 1/2 na oras. Timplahan ng asin at asukal kung kinakailngan.

★ Tips Ang imported na karne ng baka ay nangangailangan lamang ng maikling oras ng pagluluto.

Daging sapi masak bawang bombay dan tomat

Bahan：900g sapi, 2 buah tomat, 1 bawang Bombay, 2 siung bawang putih cincang,
3 potong daun bay, 1 bunga bintang, 2 sdm minyak
Bumbu：1/2 cangkir arak, 4 sdm kecap bening, 2 1/2 cangkir air, 1/2 sdm garam, gula untuk tambahan rasa

Cara memasak :

1. Daging babi potong-potong kira-kira 4 cm, rebus sebentar, angkat dan tiriskan.
2. 1 buah tomat potong menjadi 4 potong, rebus sebentar dan rendam pakai air dingin,dan cepat angkat potong lagi menjadi 4～6 potong.
3. Panasakan minyak tumis bawang Bombay dan bawang putih dan masukan tomat, masak sampai tomat lunak.
4. Masukan sapi aduk lagi, tambahkan arak dan kecap, masak dengan api besar selama 1 menit.
5. Maskan daun bay, bunga bintang, dan air pindahkan ke panci dan didihkan tutup da masak selama 1 1/2 jam atau sesuka selera anda, tambahkab gula dan garam bila perlu. Siap sajikan.

★ Tips

Kalau anda mengingkan jangan terlalu dedas cabe merah masukan terakhin.

川味紅燒牛肉

材　料：肋條、牛腩或腱子肉 1 公斤、牛筋 400 公克、大蒜 4 粒、蔥 4 支（切段）
　　　　薑 2 塊（拍裂）、八角 2 顆、花椒 1 大匙、紅辣椒 2 支、油 2～3 大匙、青蒜絲適量
調味料：（1）水 5 杯、蔥 2 支、薑 2 片、酒 2 大匙、八角 1 顆、月桂葉 2 片
　　　　（2）辣豆瓣醬 2 大匙、醬油 4 大匙、酒 2 大匙、清湯 3 杯（煮牛筋湯）、冰糖 2 茶匙、鹽適量

● 做法：

1. 牛筋切成長段；牛肉切成大塊，汆燙 2 分鐘，撈出後沖洗乾淨。
2. 牛筋加調味料（1）煮 1 小時至半爛；略涼後切成塊。
3. 在炒鍋內燒熱油，先爆香蔥段、薑片和大蒜粒，並加入花椒、八角一起炒香，用一塊白紗布將大蒜等撈出包好。
4. 再把辣豆瓣醬放入鍋中煸炒一下，繼續加入醬油、酒、牛肉和牛筋再炒。
5. 放回大蒜包，加入清湯和冰糖同煮，小火燒約 2 個小時至牛肉和牛筋已夠爛，可略加鹽和糖調味。

Nilagang Karne at Litid ng Baka, Estilong Szechuan

Mga Sangkap：1 kilong karne ng baka (kampto o kenchi), 400g litid ng baka, 4 piraso ng bawang, 4 na tangkay ng dahon ng sibuyas, 2 hiwa ng luya (dinurog), 2 star anise, 1 K paminta, 2 sili, 2～3 K mantika

Panimpla：(1) 5 tasang tubig, 2 tangkay ng dahon ng sibuyas, 2 hiwa ng luya, 2 K alak, 1 star anise, 2 pirasong dahon ng laurel
(2) 2 K hot bean paste, 4 K toyo, 2 K alak, 3 tasang sabaw (sabaw ng karne ay mas maigi), 2 K asukal, asin

Paraan ng Pagluto：

1. Hiwain ang karne ng baka sa mahahabang piraso at pakuluan ng 2 minuto. Hanguin at hugasan.
2. Lutuin ang litid ng karne sa panimpla (1) ng 1 oras. Hiwain sa malalaking piraso kapag di na masyadong mainit.
3. Igisa ang dahon ng sibuyas, bawang at luya sa mainit na mantika, ilagay ang paminta at star anise, igisa uli hanggang sa bumango, ilagaysng ginisang sangkap sa maliit na tela.
4. Igisa ang hot bean paste sa mahinang apoy, ilagay ang toyo, alak, karne ng baka at litid, igisa uli.
5. Ilagay uli ang binalot na sangkap sa karne, dagdagan ng sabaw at asukal, ilaga ng 2 oras hanggang lumambot. Dagdagan ng sin at asukal kung kinakailangan.

Semur daging sapi dan urat sapi (Szechuan Style)

Bahan:
1 kg daging sapi, 400g urat sapi, 4 siung bawan putih, 4 btg daun bawang, 2 ruas jahe, 2 bunga bintang, 1 sdm lada coklat, 2 cabe merah, 2～3 sdm minyak
Bumbu:
(1) 5 cangkir air, 2 btg daun bawang, 2 iris jahe, 2 sdm arak, 1 bunga bintang, 2 potong daun bay
(2) 2 sdm saus tauco pedas, 1/2 cangkir kecap, 2 sdm arak, 3 cangkir kaldu sapi, 2 sdm gula batu, garam untuk perasa

Cara memasak：

1. Urat sapi potong dengan potongan memanjang, daging sapi potong dengan potongan melebar, rebus selama 2 menit angkat dan tiriskan.
2. Masak urat sapi dengan bumbu (1) selama 1 jam, dan potong besa-besar.
3. Panaskan minyak tumis daun bawang, bawang putih, jahe, tambahkan lada bunga bintang Masak sampai harum dan tambahkan perasa pedas.
4. Masukan saus tauco masak dengan api kecil, masuk kecap, arak, daging dan urat sapi, aduk rata dan terus masak.
5. Ambil perasa pedas, tambahkan kaldu, dan gula batu, tutup masak 2 jam sampai daging dan urat sapi empuk, bila perlu masukan garam dan gula. Siap sajikan.

沙茶牛肉

材料：
牛肉 250 公克、空心菜 250 公克、大蒜 3 粒、蔥 1 支、紅辣椒 1 支
調味料：
（1）醬油 1/2 大匙、水 2 大匙、小蘇打 1/4 茶匙（可不加）、太白粉 1/2 大匙
（2）沙茶醬 1 1/2 大匙、糖 1/4 茶匙、醬油 1 茶匙、酒 1 茶匙

● 做法：
1. 牛肉逆紋切片，調味料（1）在碗中先調勻，放入牛肉抓拌均勻，醃 30 分鐘。
2. 空心菜洗淨，切段；大蒜切末；蔥切段；紅辣椒切斜片。
3. 燒熱 1 大匙油，將空心菜快炒至熟，加少許鹽調味，盛盤。
4. 用半杯油先將牛肉過油炒至 8 分熟，撈出。油倒出。
5. 用 2 大匙油爆香大蒜、蔥段和紅辣椒，加入牛肉和先在碗中調勻的調味料（2），
   大火炒勻，盛放在空心菜上。

Ginisang Karne ng Baka na may Sha-cha na Sarsa

Mga Sangkap：250g karne ng baka, 250g kangkong, 3 piraso ng bawang, 1 tangkay ng dahon ng sibuyas, 1 pulang sili

Panimpla：(1) 1/2 K toyo, 2 K tubig, 1/4 k baking soda (opsyonal), 1/2 K cornstarch
(2) 1 1/2 K Sha-cha sauce, 1/4 k asukal, 1 k toyo, 1 k alak,1 k tubig

Paraan ng Pagluto：

1. Hiwain ang karne ng baka ng maninipis. Ihalo ang panimpla (1) sa isang mangkok,ilagay ang karne , ihalo at itabi ng 30 minuto.
2. Hiwain ang kangkong ng seksyon; tadtarin ang bawang; hiwain ang dahon ng sibuyas ng seksyon; hiwain ang sili padayagonal.
3. Igisa ang kangkong sa 1 kutsarang mantika, lasahan ng asin. Ihain at ilagay sa pinggan.
4. Igisa sa 1/2 tasang mantika ang karne ng mabilisan. Patuluin at alisin ang mantika sa kawali.
5. Igisa ang bawang, dahon ng sibuyas at sili sa 2 kutsarang mantika, ilagay ang karne at panimpla (2) , igisa ng maigi sa malakas na apoy. Hanguin at ilagay sa ibabaw ng kangkong.

Sayur hijau cah sapi masak shac-ca saus

Bahan：
250g sapi, 250g sayur hijau, 3 sung bawang putih, 1 btg daun bawang, 1 cabe merah
Bumbu：
(1) 1/2 sdm kecap, 2 sdm air, 1/4 sdm baking soda, 1/2 sdm maizena
(2) 1 1/2 sdm sha～ca, 1/4 sdm gula , 1 sdm kecap, 1 sdm arak

Cara memasak :

1. Sapi iris-iris campur bumbu (1) diamkan selama 30 menit.
2. Sayur hijau cuci bersih dan potong,cincang bawang putih, cabe diiris buang bijinya, potong-potong daun bawang.
3. Panaskan minyak tumis sayur hijau tambahkan garam, angkat taruh piring.
4. Panaskan minyak untuk menumis sapi, tumis dengan cepat dan angkat jagan sama minyaknya.
5. Goring bawang putih, daun bawang dan cabe dengan 2 sdm minyak, masukan sapid an bumbu (2) tumis dengan api besar, angkat taruh diatas sayur hijau. Siap sajikan.

九層雞丁

材　料：去骨雞腿肉 2 支、薑片 15 片、大蒜 6 粒、紅辣椒 1 支、九層塔 4～5 支

調味料：（1）醬油 1 大匙、水 2 大匙、太白粉 1 茶匙

（2）酒 1 大匙、醬油 1 大匙、糖 1 茶匙、水 4 大匙

● 做法：

1. 雞腿肉剁切成 3 公分大小的丁，用調味料（1）拌勻，醃 20 分鐘。
2. 大蒜切片；紅辣椒切斜段；九層塔摘嫩葉。
3. 鍋中先將油 1/2 杯燒熱，放下雞丁炒至 8 分熟，盛出，油倒出。
4. 僅留 2 大匙油，放下薑片與大蒜煎炒至香氣透出，倒回雞丁再炒，淋下調味料（2），燜煮 1 分鐘。
5. 撒下切段之紅辣椒及九層塔，再炒勻便可關火。

Manok na may Balanoy

Mga Sangkap：2 hita ng manok (alisin ang buto), 15 hiwa ng luya,
6 na pirasong bawang, 1 pulang sili, 4～5 tangkay ng balanoy
Panimpla：(1) 1 K toyo, 2 K tubig, 1 k cornstarch
(2) 1 K alak, 1 K toyo, 1 k asukal, 4 K tubig

● Paraan ng Pagluto：

1. Hiwain ang manok sa 3 sentimetrong laki, ihalo sa panimpla 1 ng 20 minuto.
2. Hiwain ang bawang at sili; gupitin ang dahon ng balanoy sa tangkay.
3. Igisa ang manok sa 1/2 tasang mantika, hanguin kapag malapit na maluto. Alisin ang mantika sa kawali at magtira lamang ng 2 kutsara o pwedeng pakuluan ang manok sa tubig ng 30 segudo.
4. Igisa ang luya at bawang hanggang sa bumango. Ilagay ang manok, igisa pansamantala. Idagdag ang panimpla (2) , lutuin ng 1 minuto.
5. Ilagay ang sili at balanoy, ihalo at patayin ang apoy.

Ayam kecap daun kemangi

Bahan：2 ayam paha buang tulang, 15 iris jahe, 6 siung bawang putih, 1 cabe merah,
4～5 daun kemangi
Bumbu：(1) 1 sdm kecap, 2 sdm air, 1 sdm tepung sagu
(2) 1 sdm arak, 1sdm kecap, 1 sdm gula, 4 sdm air

● Cara memasak :

1. Ayam di potong jadi 3cm perpotong, dan bumbui dengan bumbu (1) selama 20 menit.
2. Iris bawang putih dan cabe, dan daun kemangi.
3. Panaskan 1/2 cangkir minyak untuk menggoreng ayam, matang angkat ambil minyak dan sisakan sebayak 2 sdm dalam wajan.
4. Tumis jahe, bawang putih, sampai harum, masukan ayam tumis sebentar,masukan bumbu (2) masak 1 menit.
5. Masukan cabe merah dan daun kemangi aduk jadi satu matikan api angkat taruh dipiring Siap sajika.

鮮茄燒雞

材　料：雞 1/2 隻（約 1.2 公斤）、洋蔥 1/2 個、洋菇 8～10 粒、番茄 2 個、
青豆 2 大匙、麵粉 1/2 杯

調味料：（1）鹽 1/2 茶匙、黑胡椒粉少許
（2）番茄糊 1 大匙、酒 1 大匙、淡色醬油 1 茶匙、水或清湯 2 杯、鹽 1/3 茶匙、糖 1/2 茶匙

◎ 做法：

1. 雞剁成塊，放入大碗中，撒下鹽和胡椒拌一下，放置 5 分鐘。下鍋煎之前，沾上一層麵粉。
2. 番茄切刀口，放入滾水中燙一下，再泡入冷水中去皮，每個切成 4 小塊，盡量除去番茄籽。
3. 洋菇一切為二；洋蔥切粗條備用。
4. 鍋中燒熱 2 大匙油，放下雞塊煎黃外皮，盛出。放下洋蔥和洋菇炒香，再放下番茄塊和番茄糊同炒。
5. 淋下酒和醬油，加入水，煮滾後放下雞塊，下鹽和糖調味，以小火煮 35～40 分鐘至雞已經夠爛。
6. 再試一下味道，適量調味。

Adobong Manok na may Kamatis

Mga Sangkap：1/2 manok (1.2 kilo), 1/2 sibuyas, 8～10 kabute, 2 kamatis, 2 K gisantes,
1/2 tasang harina

Panimpla：(1) 1/2 k asin, kaunting paminta
(2) 1 K tomato paste, 1 K alak, 1 k toyo, 2 tasang sabaw o tubig, 1/3 k asin, 1/2 k asukal

Paraan ng Pagluto：

1. Hiwain ang manok, haluan ng asin at paminta, itabi ng 5 minuto. Balutan ng kaunting harina bago iprito.
2. Hiwaan ng mababaw ang balat ng kamatis, pakuluan sa kumukulong tubig ng 10 segundo, ibabad sa malamig na tubig para mabilis maalis ang balat ng kamatis. Hiwain sa 4 na piraso. Alisin ang mga buto.
3. Hiwain sa dalawa ang kabute; hiwain ang sibuyas pahaba.
4. Igisa ang manok sa 2 kutsarang mantika hanggang sa pumula, hanguin. Igisa ang sibuyas at kabute hanggang sa bumango, Ilagay ang kamatis at tomato paste, haluin ng maigi.
5. Dagdagan ng alak, toyo at tubig, hintaying kumulo. Ilagay uli ginisang manok, lasahan ng asin at asukal. Pakuluan ng 35～40 minuto hanggang lumambot. Ilagay ang gisantes at lutuin pansamantala.
6. Iayos ang lasa bago patayin ang apoy at ihain. Atau melayani sebagai saus.

Ayam masak sama tomat

Bahan：1/2 ayam (sekitar 1.2kg), 1/2 bawang bombay, 8～10 jamur, 2 tomat, 2 sdm kacang polong,
1/2 cankir tepung
Bumbu：(1) 1/2 sdm garam, sedikit lada
(2) 1 sdm saus tomat, 1 sdm arak , 1 sdm kecap, 2 cangkir kaldu, 1/3 sdm garam 1/2 sdm gula

Cara memasak：

1. Ayam potong-potong menjadi beberapa potong dan cuci, terus campurkan bumbu 1 selama 5 menit. Dan lumuri tepung sebelum di goring.
2. Tomat di potong dan rebus selama 10 detik,dan cuci dengan air dingin, dan kupas, potong jadi 4 potong ambil biji bila perlu.
3. Rendam jamur, potong bawang Bombay.
4. Panaskan minyak 2sdm untuk mengoreng ayam, goring sampai warna kuning emas dan angkat , masukan jamurdan bawang Bombay tumis hingga harum masukan tomat dan saus tomat.
5. Masukan arak, kecap, dan air didihkan masukan ayam tambahkan garam dan gula masak dengan api kecil selama 35～ 40 menit sampai matang.
6. Dicoba rasanya dulu sebelum anda mematikan api. Siap sajakan.

砂鍋油豆腐雞

材　料：仿土雞 1/2 隻（約 1.2 公斤）、油豆腐 8 個、寬粉條 1 把、蔥 2 支、薑 2 片
　　　　紅辣椒 1 支、香菜適量

調味料：紹興酒 1 大匙、醬油 4 大匙、熱水 3 杯、冰糖 1 茶匙、鹽適量調味

● 做法：

1. 雞剁成塊；蔥切長段；寬粉條用溫水泡軟；油豆腐用熱水汆燙一下，撈出。
2. 起油鍋，用 2 大匙油爆香蔥段和薑片，加入雞塊同炒，炒至雞塊變色時，淋下酒和醬油再炒一下。
3. 注入熱水，再加入冰糖、紅辣椒和油豆腐，一起倒入砂鍋中，煮滾後改小火，煮 1 小時（依照所用的雞種，可適量增減煮的時間）。
4. 至雞肉已經夠爛時，加入寬粉條煮至軟，如有需要可適量再加鹽、糖調味。放一撮香菜裝飾。

Adobong Manok na may Piniritong Tokwa

Mga Sangkap：1/2 na manok, 8 pritong tokwa, 1 sotanghon, 2 dahon ng sibuyas, 2 hiwa ng luya, 1 sili, wansoy

Panimpla：1 K alak, 4 K toyo, 3 tasang mainit na tubig, 1 k asukal, asin

● Paraan ng Pagluto：

1. Hiwain ang manok pati ang dahon ng sibuyas. Ibabad sa maligamgam na tubig ang sotanghon hanggang sa lumambot. Pakuluan ng mabilis ang tokwa at hanguin.
2. Igisa ang dahon ng sibuyas at luya sa 2 kutsarang mantika hanggang sa bumango. Ilagay ang manok at igisa hanggang mag iba ang kulay. Dagdagan ng alak at toyo, igisa pansamantala.
3. Lagyan ng tubig at pakuluan. Ilagay ang asukal, sili at tokwa at hintaying kumulo. Ilipat sa kaserola at pakuluan sa mahinang apoy ng 1 oras.
4. Lutuin hanggang sa lumambot ang manok. Ilagay ang sotanghon at palambutin. Dagdagang ng asin kung kailangan. Ilagay sa ibabaw ang wansoy para sa dekorasyon.

Ayam sapo tahu

Bahan：1/2 ayam , 8 ptg tahu, 1 porsi soun, 2 btg daun bawang, 2 iris jahe, 1 cabe, daun wansui

Bumbu：1 sdm shao-xing arak, 4 sdm kecap, 3 cangkir air panas, 1 sdm gula batu, dan garam untuk menambah ras

● Cara memasak :

1. Potong ayam jadi beberapa potong, potong daun bawang, rendan soun, dengan air hangat, biar lunak dan tiriskan,rebus tahu angkat dan tiriskan biar kering.
2. Panaskan 2 sdm minyak tumis jahe dan daun bawang sampai harum,masukan ayam masak hingga berubah warna, masukan arak, kecap, masak sebentar, tambahkan air panas, didihkan.
3. Masukan gula batu, cabedan tahu semua jadi satu taruh disapo,masak dengan api kecil, kalau sudah mendidih, masak sekitar 1 jam (waktu masak tidak sama tergantung ayam yang anda masak).
4. Masak sampai ayam empuk dan matangmasukan suon, masak sampai lunak, tambahkan garam bila perlu, hiasi daun wansui. Siap sajikan.

咖哩雞排

材　料：雞胸肉 2 片、高麗菜絲 2 杯、麵粉 1/2 杯、蛋 1 個（打散）、麵包粉 1 杯
　　　　洋蔥丁 1/2 杯、大蒜末 1 茶匙、冷凍三色蔬菜 1 杯

調味料：（1）鹽 1/2 茶匙、胡椒粉 1/4 茶匙、酒 1 大匙、水 1/2 杯
　　　　（2）清湯或水 1 杯、咖哩塊 2 小塊、鹽適量

● 做法：

1. 雞胸修去軟骨和筋之後，在雞胸肉上剁一些刀口，加入調味料（1），醃 20～30 分鐘。
2. 高麗菜絲泡入冰水中約 5～10 分鐘，瀝乾、並以紙巾吸乾水分。
3. 將雞肉先沾上麵粉，再在蛋汁中沾一下，最後沾滿麵包粉。
4. 把 4 杯炸油燒至 7 分熱，放入雞排，以小火炸約 2 分半鐘，撈出。
5. 油再燒熱，放下雞排，以大火再炸 20 秒鐘，至雞排成金黃色，撈出、瀝乾油漬，斜切成片，放入盤中。
6. 用 1 大匙油炒香洋蔥丁和大蒜末，再加入三色蔬菜同炒，倒下清湯、並加入咖哩塊一起煮至融化，適量調味後，淋在雞排上（或以小碗盛裝上桌）。

Piniritong Manok na may Kari

Mga Sangkap：2 dibdib ng manok, 2 tasang hiniwa ng maninipis na reployo, 1/2 tasang harina, 1 itlog, 1 tasang biskotso, 1/2 tasang sibuyas(kuwadrado), 1 k tinadtad na bawang, 1 tasang 3 kulay ng pinaghalong gulay

Panimpla：(1) 1/2 k asin, 1/4 k paminta, 1 K alak, 1/2 tasang tubig
(2) 1 tasang sabaw o tubig, 2 maliit na kuwadradong kari, asin

Paraan ng Pagluto：

1. Linisin ang manok, ibabad sa panimpla (1) ng 20～30 minuto.
2. Ibabad ang hiniwang repolyo sa tubig na may yelo ng 5～10 minuto, alisin sa tubig at patuluin.
3. Ibalot s harina ang manok, isawsaw sa ibinateng itlog at balutin sa biskotso.
4. Magpainit ng 4 na tasang mantika iprito ang manok sa mahinang apoy ng 2 1/2 minuto at hanguin.
5. Initin uli sa 140 degree Celsius ang mantika, iprito uli ang manok sa malakas na apoy ng 20 segundo hanggang sa pumula. Hanguin at patulin ang mantika at hiwain, ilagay sa plato.
6. Igisa ang sibuyas at bawang sa 1 kutsarang mantika, ilagay ang 3 kulay ng pinaghalong gulay, igisa. Ilagay ang sabaw at kari, tunawin. Timplahan kung kulang. Ibuhos sa manok o ilagay sa mengkok para sawsawan.

Ayam goreng saus kari

Bahan：2 ptg dada ayam, 2 mangkok kol, 1/2 cangkir tepung, 1 telor, 1 cangkir tepung roti, 1/2 cangkir perasa bawang, 1 sdm bawang cincang,1 cangkir sayur 3 warna

Bumbu：(1) 1/2 sdm garam, 1/4 sdm lada, 1 sdm arak, 1/2 cangkir air
(2) 1 cangkir kaldu, 2 kotak kecil bumbu kari, dan garam untuk menambah rasa

Cara memasak :

1. Cuci dan bersihakan ayam dan potong-potong dan campurkan bumbu (1) selama 20～30 menit.
2. Rendam kol sama air es selama 5～10 menit, tiriskan dan keringkan.
3. Ayam ditutup dengan tepung dan telor gulingkan ke tepung roti.
4. Panaskan m4 cangkir minyak dengan panas 140℃ goring ayam dengan api kecil selama 2 1/2 menit, angkat ayam.
5. Panaskan minyak lagi goring ayam dengan api besar selam 20 menit sampai warna kuning emas, angkat dan tiriskan dan potong taruh di piring.
6. Tumis bawang dan bawang putih dengan 1 sdm minyak tambahkan kaldu dan bumbu kari, masak sampai kari kental, tambahkan perasa bila perlu, tuang saus ke atas ayam. Siap sajikan Atan melayani sebagai saus.

泰式咖哩雞

材　料：肉雞雞腿 3 支、馬鈴薯 2 個

調味料：咖哩粉 1 1/2 大匙、糖 1 大匙、魚露 1 大匙、泰式紅咖哩 1 大匙
　　　　辣油 1 大匙、清湯 1 1/2 杯、椰漿 1 罐

● 做法：

1. 將每支雞腿依大小剁成 3 或 4 塊，汆燙一下，撈出。
2. 馬鈴薯去皮後切成大塊。
3. 鍋中先放 1 1/2 大匙的油和咖哩粉，再開火慢慢將它們炒香。
4. 放入雞腿、馬鈴薯、椰漿、紅咖哩、糖、魚露、紅辣油和高湯全部放入湯鍋內。
5. 用大火煮滾後轉成小火，煮約 30 分鐘，至馬鈴薯已夠軟，即可關火。裝入深盤子或砂鍋中上桌。

★ Tips

1. 煮時須不時攪動鍋子，待馬鈴薯熟軟後即可熄火。
2. 泰式紅咖哩買不到時可以用咖哩塊 1～2 塊來代替。

Manok na Kari, Estilong Thai

Mga Sangkap：3 hita ng manok, 2 patatas
Panimpla：1 1/2 K kari, 2 K asukal, 1 K patis, 1 K pulang kari, 1 K chili oil,
1 1/2 tasang sabaw, 1 lata ng gata

● Paraan ng Pagluto：

1. Hiwain ang manok sa 3-4 na piraso, banlian at hugasan.
2. Balatan at hiwain ang patatas sa malalaking piraso.
3. Ihalo sa kawali ang 1 1/2 kutsarang mantika at kari, buksan ang apoy, igisa sa mahinang apoy hanggang sa bumango.
4. Ilagay ang manok, patatas at natitirang panimpla.
5. Pakuluan sa malakas na apoy, bawasan ang apoy kapag kumulo, lutuin ng 30 minuto hanggang sa lumambot ang patatas. Patayin ang apoy at takpan ang kawali ng 10 minuto.
6. Initin ang manok at ilagay sa plato o kaserola.

★ Tips

1. Haluin ang manok habang niluluto para maiwasang masunog. Itabi matapos 10 minuto matapos maluto para mas maging malasa ang patatas.
2. Pulang kari ang mas pinakamainam o di kaya ang kuadradong kari ang mas mainam.

Kari ayam(Thai Style)

Bahan：3 ayam paha, 2 kentang
Bumbu：1 1/2 sdm bumbu kari, 1 sdm gula, 1 sdm kecap ikan , 1 sdm bumbu kari merah,
1 sdm minyak cabe, 1 1/2 cangkir kaldu, 1 kaleng santan

● Cara memasak :

1. Potong-potong ayam dan rebus sebentar, angkat.
2. Kupas kentang dan potong besar.
3. Minyak dan bumbu kari campur jadi satu dan tumis dengan api kecil sampai harum.
4. Masukan kentang , ayam dan semua bumbu.
5. Didihkan dengan api besar, sudah mendidih kecilkan api masak selama 30 menit, sampai kentang matang Siap sajikan.

★ Tips

1. Aduk terus biar ayam enggak gosong dan rasanya enak.
2. Masak kari dengan bumbu kari merah lebih nikmat silahkan mencoba.

番茄洋菇燒鮭魚

材　料：鮭魚 1 片（約 350 公克）、番茄 1 個（切丁）、洋菇 4 ～ 6 粒（切粒）、大蒜 1 粒（剁碎）、奶油 1 大匙、檸檬 1/2 個、巴西利適量、油 1 大匙

調味料：（1）鹽 1/2 茶匙、胡椒粉少許、麵粉 1 大匙
（2）鹽 1/3 茶匙、糖 1/2 茶匙、水 2/3 杯

● 做法：

1. 鮭魚洗淨、擦乾，撒下鹽和胡椒粉拍勻，再薄薄的撒上一層麵粉。
2. 將半個檸檬擠汁、約有 1 大匙汁；巴西利剁碎。
3. 鍋中先熱油，放下鮭魚，大火煎黃兩面，盛出。
4. 利用鍋中的油炒香蒜末和洋菇，再加入番茄丁和調味料（2），同時放回鮭魚，以中小火燒煮 3 ～ 4 分鐘至剛熟。
5. 鮭魚盛放盤中，在醬汁中加入奶油和檸檬汁，不斷攪動，使湯汁收濃一些，淋在鮭魚上，撒上巴西利碎末。

Salmon na may Kamatis at Kabuteng Sarsa

Mga Sangkap：1 Salmon (350 gramo), 1 kamatis (kuadrado), 4～6 na kabute (kuadrado) ,
1 tinadtad na bawang, 1K butter, 1/2 limon, wansoy, 1K mantika

Panimpla：(1) 1/2k asin, kurot ng asin, 1K harina
(2) 1/3k asin, 1/2 k asukal, 2/3 tasang tubig

Paraan ng Pagluto：

1. Hugasan ang salmon at patuyuin, budburan ng asin at paminta , pahiran ng harina.
2. Pigain ang limon(1K katas ng limon). Tadtarin ang wansoy.
3. Iprito ang salmon sa mainit na mantika sa malakas na apoy hanggang pumula at hanguin.
4. Igisa ang bawang at kabute, idagdag ang kamatis at Panimpla (2). Iluto sa katamtamng init hanggang maluto (3～4 minuto). Hanguin at ilagay sa plato.
5. Lagyan ng butter at katas ng limon ang sarsa, hluin hanggang lumapot. Ibuhos sa ibabaw ng salmon, lagyan ng wansoy at ihain.

Ikan salmon masak tomat + jamur

Bahan：
1 ikan segar/ ikan gede, 1 sdm babi cincang, 1 sdm daun bawang, 1 sdm jahe cincang,
2 sdm bawang putih cincang, 3 sdm minyak

Bumbu：
(1) 2 sdm tauco, 1 sdm arak, 2 sdm kecap, 1 sdm tape, 1/4 sdm garam, 2 sdm gula, 2 sdm air
(2) tepung, 1/2 sdm cuka coklat, 1 sdm minyak wijen

Cara memasak :

1. Ikan salmon dicuci bersih dan taruh dipiring lumuri lada dan garam, dan tepung.
2. Peras jeruk nipis(sedikit 1sdm), parsey di cincang.
3. Panaskan minyak goring ikan salmon dengan api besar, sampai ikan berwarna keemasan dan matang , angkat taruh dipiring.
4. Tumis bawang putih,dan jamur, tambahkan tomat dan bumbu (2), masukan ikan salmon,masak dengan api sedang-kecil sampai matang (sekitar 3～4 menit).
5. Angkat taruh dipiring tambahkan mentega dan jeruk nipis di saus, siap sajikan.

豆瓣魚

材　料：新鮮魚 1 條或大型魚 1 段均可、絞肉 1 大匙、薑屑 1 大匙、大蒜屑 1 大匙
　　　　蔥屑 2 大匙、油 3 大匙

調味料：（1）辣豆瓣醬 2 大匙、酒 1 大匙、醬油 2 大匙、酒釀 1 大匙、鹽 1/4 茶匙
　　　　　　糖 2 茶匙、水 2 杯
　　　　（2）太白粉水少許、鎮江醋 1/2 大匙、麻油 1 茶匙

● 做法：

1. 魚鱗及內臟打理乾淨後，在魚身上切上幾條刀紋，擦乾水分。
2. 鍋中燒熱油，將魚下鍋、把兩面煎黃一些，把魚推往鍋邊或盛出。
3. 放入絞肉和薑、蒜末炒香，再放入辣豆瓣醬炒香，再依序加入調味料（1），煮滾後把魚放回汁中，同煮約 15～20 分鐘至魚已熟（煮時要往魚身上淋汁，但不要常打開鍋蓋）。
4. 見汁只剩 1/3 量時，把魚盛出，加入太白粉水將湯汁勾芡，淋下醋和麻油，撒下蔥花，再把汁淋在魚身上。

Isda na may Hot Bean Paste

Mga Sangkap : 1 sariwang o malaking isda , 1K giniling na karne, 1K tinadtad na luya,
1K tinadtad na bawang, 2K tinadtad na dahon ng sibuyas, 3K mantika

Panimpla : (1) 2K hot bean paste, 1K alak, 2K toyo, 2K binurong kanin, 1/4k asin,
2k asukal, 2 tasang tubig
(2) cornstarch paste, 1/2K suka, 1k sesame oil

Paraan ng Pagluto：

1. Hugasan ang isda at patuyuin.Hiwaan ang magkabilang bahagi ng isda.
2. Iprito ang isda sa mainit na mantika hanggang sa pumula ng kaunti at alisin sa kawali.
3. Igisa ang giniling na baboy, luya at bawang hanggang sa bumango, ilagay ang hot bean paste at igisa uli. Ilagay ang panimpla (1). Ilagay ang isda sa sarsa, lutuin ng 15～20 minuto hanggang sa maluto.
4. Hanguin ang isda at ilagay sa plato kapag nabawasan ang 1/3 ang sarsa. Palaputin ang sarsa at ilagay ang panimpla (2) at dahon ng sibuyas, ihalo at ibuhos sa isda.

Ikan pedas masak tauco

Bahan :
1 ikan segar/ ikan gede, 1 sdm babi cincang, 1 sdm daun bawang, 1 sdm jahe cincang,
2 sdm bawang putih cincang, 3 sdm minyak
Bumbu :
(1) 2 sdm tauco, 1 sdm arak, 2 sdm kecap, 1 sdm tape, 1/4 sdm garam, 2 sdm gula, 2 sdm air
(2) tepung, 1/2 sdm cuka coklat, 1 sdm minyak wijen

Cara memasak :

1. Ikan dicuci dan taruh keringkan (jangan lupa bersihkan dalam ikan).
2. Panaskan minyak goreng ikan sampai warna kuning emas dan matang, angkat sisihkan.
3. Tumis babi, bawang putih, jahe, tumis sampai harum,tambahkan saus tauco, masukan bumbu (1), setalah mendidih masukan ikan, tutup selama 15～20 menit.
4. Kalau sudah meresap bumbunya ikan diangkat taruh piring, dan 1/2 sausnya kentalkan dengan bumbu (2) dan masukan daun bawangtuang atas ikan , siap sajikan.

蝦仁燒干絲

材　料：干絲 300 公克、蝦仁 10 隻、肉絲 80 公克、香菇 3 ～ 4 朵、蔥 1 支（切段）、油 2 大匙

調味料：（1）醃蝦用：鹽少許、太白粉少許

（2）醃肉用：醬油 1 茶匙、太白粉 1 茶匙、水 1/2 大匙

（3）淡色醬油 1 1/2 大匙、鹽適量

● 做法：

1. 蝦仁和肉絲分別用醃料拌勻，醃約 20 分鐘；香菇泡軟，切成絲。
2. 干絲用水多沖洗幾次，至水清為止，瀝乾。
3. 用油先炒熟肉絲，盛出。放入蔥段和香菇爆炒至香，淋下醬油再炒一下。
4. 加入干絲和水 2 杯（包括泡香菇水），煮滾後改小火再燒 5 ～ 10 分鐘。
5. 開大火，放入蝦仁和肉絲，煮至蝦仁已熟，略加鹽調味即可。

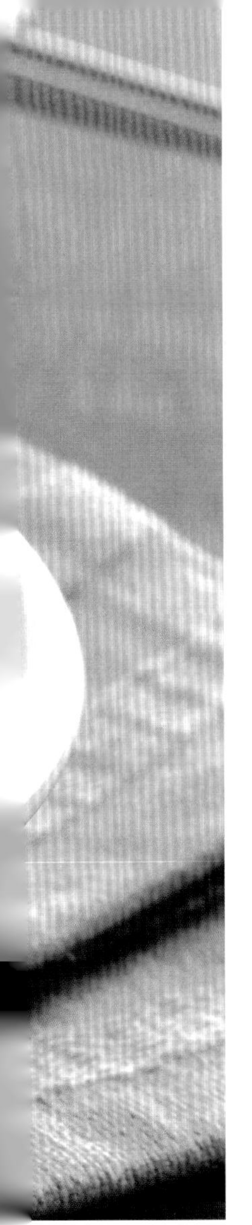

Tokwang Pansit na may Karne at Hipon

Mga Sangkap : 300g tokwang pansit, 10 hipon, 80g hiniwang manipis na karneng baboy, 3 ~ 4 kabuteng shitake,1 dahon ng sibuyas (seksyon), 2K mantika

Panimpla : (1) hipon: kunting asin at cornstarch
(2) karne: 1k toyo, 1k cornstarch, 1/2 k tubig
(3) 1 1/2 K toyo, kaunting asin

Paraan ng Pagluto：

1. Ihalo ang hipon at karne sa panimpla ng magkabukod ng 20 minuto. Ibabad ang kabute sa tubig hanggang lumambot at gayatin.
2. Hugasan ang pansit ng ilang beses at patuluin ang tubig.
3. Igisa ang karne sa mantika, hanguin kapag naluto. Igisa ang dahon ng sibuyas at kabute hanggang sa bumango, dagdagan ng toyo at igisa uli.
4. Ilagay ang pansit at buhusan ng 2 tasang tubig (pati ang pinagbabaran ng kabute). Lutuin ng 5 ~ 10 minuto sa maliit na apoy.
5. Palakihin ang apoy at ilagay ang hipon at karne, lutuin hanggang sa pumula ang hipon. Lasahan ng asin at ihain.

Mie tahu masak babi dan udang

Bahan :
300g mie tahu, 10 udang, 80g babi iris, 3 ~ 4 jamur hitam, 1 btg daun bawang, 2 sdm minyak

Bumbu :
(1) lumuri udang sama garam dan tepung
(2) bumbui babi sama 1 sdm kecap, 1 sdm tepung , 1/2 sdm air
(3) 1 1/2 sdm kecap ikan, garam untuk perasa

Cara memasak :

1. Bumbui udang dan babi selama 20 menit,rendam jamur sampai lunak dan iris.
2. Mie tahu cuci beberapa kali sampai bersih dan tiriskan.
3. Panaskan minyak tumis babi sampai matang, angkat. Tumis daun bawang , jamur, tumis hingga bau harum, tambahkan kecap tumis lagi.
4. Masukan mie tahu dan 2 cangkir (da air rendaman jamur) masak 20 menit. Didhkan dengan api kecil.
5. Putar api besar dan masukan udang dan babi masak sampai udang berwarna merah,tambahkan garam, angkat, siap sajikan.

鹹酥肉魚

材　料：肉魚 3 條、大蒜末 1 大匙、薑末 1 茶匙、蔥花 2 大匙、紅辣椒末 1 大匙

調味料：（1）鹽 1/2 茶匙、酒 1 大匙

　　　　（2）胡椒粉少許、酒 1 大匙、水 4 大匙

● 做法：

1. 肉魚洗淨、擦乾，撒上鹽和酒，醃 15 分鐘。
2. 鍋中燒熱 4 大匙油，放下肉魚，先煎黃一面後翻面再煎，至兩面均煎熟時，盛出。
3. 另用 1 大匙油爆香蒜末、薑末、一半量的蔥花和調味料（2），放回肉魚炒一下，最後再撒下蔥花和紅辣椒末，關火。

Malutong at Maanghang na Isda

Mga Sangkap : 3 sariwang isda, 1K tinadtad na bawang, 1k tinadtad na bawang,
2K tinadtad na dahon ng sibuyas, 1K tinadtad na sili

Panimpla : (1) 1/2k asin, 1K alak
(2) kurot ng paminta, 1K alak, 4K tubig

Paraan ng Pagluto：

1. Hugasan at patuyuin ang isda; pahiran ng asin at alak at itabi ng 15 minuto.
2. Iprito ang isda sa 3 kutsarang mainit na mantika. Iprito ang magkabilang bahagi hanggang sa lumutong at maluto.
3. Igisa ang bawang, luya, kalahati ng dahon ng sibuyas at panimpla (2) sa mainit na mantika, ilagay ang piniritong isda sa sarsa. Ilagay ang sili at natirang dahon ng sibuyas, haluin at ilagay sa plato.

Ikan Goreng pedas

Bahan : 3 ikan segar, 1 sdm bawang putih cincang, 1 sdm jahe cincang,
2 sdm daun bawang cincang, 1 sdm cabe merah cincang

Bumbu : (1) 1/2 sdm garam, 1 sdm arak
(2) sedikit lada, 1 sdm arak, 4 sdm air

Cara memasak :

1. Ikan dicuci dan keringkan. Bumbui garam, 1 sdm arak selama 15 menit.
2. Panaskan 4 sdm minyak, goreng ikan sampai matang dan berwarna kuning emas dan garing. Angkat.
3. Panaskan sedikit minyak tumis bawang putih , jahe, 1/2 daun bawang,dan bumbu (2) masukan lagi ikan dalam wajan, goreng sebentar masukan daun bawang dan cabe merah aduk angkat taruh piring. Siap sajikan.

豆豉辣椒蒸鱈魚

材　料：鱈魚 1 片、豆豉 1 大匙、大蒜 3 粒、蔥段 2 支、蔥粒 1 大匙、紅辣椒丁 1 大匙

調味料：醬油 1 大匙、酒 1 大匙、糖 1/4 茶匙、水 4 大匙

● 做法：

1. 乾豆豉泡一下水；大蒜剁碎。
2. 在一個小鍋內，用 2 大匙油炒香大蒜末和豆豉，淋入調味料，煮滾、關火。
3. 魚擦乾水分，放在盤中（盤子上先墊 2 支蔥段），上鍋蒸 6 ～ 7 分鐘左右。
4. 取出鱈魚，將蒸出的魚汁倒掉，再淋上做法 1 的豆豉汁，撒下紅辣椒和蔥花，繼續蒸約 1 ～ 2 分鐘至 魚已熟即可。

★ Tips

豆豉辣椒可搭配許多種魚來蒸，鯧魚、鱸魚、草魚、鮭魚、潮鯛下巴都很適合。

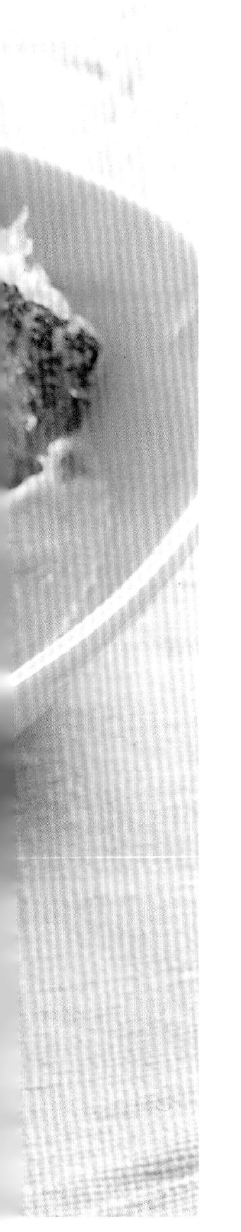

Paraan ng Pagluto：

1. Ibabad sa tubig ang tausi ng 3～5 minuto; tadtarin ang bawang.
2. Igisa ang bawang at tausi sa 2 kutsarang mantika at ilagay ang panimpla.Pakuluan.
3. Patuyuin ang isda, ilagay sa plato (lagyan ng 2 seksyon ng dahon ng sibuyas ang ilalim ng isda), pasingawan sa malakas na apoy ng 6～7 minuto.
4. Ibuhos ang sarsa (paraan 2) sa ibabaw ng isda, budburan ng tinantad na dahon ng sibuyas at sili, pasingawan uli ng 1～2 minuto.

Ang tausi ay mainam na sangkap sa iba't ibang klaseng isda tulad ng pomfret, sea perch, grass carp, salmon at sea bream jaws.

Cara memasak :

1. Rendam kacang hitam (fermented) selama 3～5 menit, cincang bawang putih.
2. Panaskan 2 sdm minyak, tumis bawang putih da fermented, tambahkan bumbu didihkan.
3. Ikan taruh di piring (bawah ikan kasih 2 potong daun bawang) stim selama 6～7 menit.
4. Angkat ikan, buang airnya, dan tuangkan saus fermented diatas ikan taburi daun bawang cincang dan cabe merah stim lagi selama 1～2 menit, sampai matang. Siap sajikan.

Fermented ini bias buat masak berbagai masakan ikan.

青豆甜不辣

材　料：冷凍青豆 1 杯、甜不辣 150 公克、筍 1 支、蔥花 1 大匙
調味料：鹽 1/4 茶匙、胡椒粉少許

● 做法：

1. 冷凍青豆放入熱水中汆燙 1 分鐘，撈出。
2. 筍煮熟，切成丁；甜不辣切小塊，用 2 大匙熱油先煎一下，盛出。
3. 接著放下蔥花、筍丁和青豆炒一下，加入 2 大匙水和調味料煮滾。
4. 放下甜不辣，拌炒均勻就可以裝盤了。

Gisantes at Tempura

Mga Sangkap : 1 tasang gisantes, 150g tempura, 1 labong,
1K tinadtad na dahon ng sibuyas

Panimpla : 1/4 k asin, paminta

Paraan ng Pagluto :

1. Pakuluan ng 1 minuto ang gisantes at alisin sa tubig.
2. Pakuluan ang labong, at hiwain pakuadrado. Hiwain sa maliliit na hiwa ang tempura at iprito sa 1 kutsarang mantika hanggang sa lumutong, hanguin.
3. Igisa ang dahon ng s ibuyas, labong at gisantes at haluin, dagdagan ng 3 kutsarang tubig at Panimpla, pakuluan.
4. Ilagay ang tokwa at haluin ng maigi at ihain.

Kacang polong cah tempura

Bahan : 1 mangkok kacang polong, 150g tempura, 1 rebung,
1 sdm daun bawang cincang

Bumbu : 1/4 sdm garam, sedikit lada

Cara memasak :

1. Kacang polong direbus sebentar selama 1 menit dan tiriskan.
2. Rebung dimasak, tempura dipotong-potong lalu di goreng dengan 2 sdm minyak sampai luarnya garing.
3. Tumis daun bawang, rebung, dan kacang polong masak sebentar, tambahkan 1 sdm air,dan bumbui lalu didihkan.
4. Masukan tempura tumis tumis sampai matang , angkat siap sajikan.

蘿蔔甜不辣

● 做法：

1. 白蘿蔔削皮、切成大塊；昆布用濕紙巾擦一下，剪成條，泡入 2 杯水中約 20 分鐘。
2. 鍋中用油炒香薑片，加入蘿蔔、昆布、泡昆布的水和調味料，煮滾後改成小火，滷煮 30 分鐘。
3. 加入甜不辣，再煮約 3 分鐘，關火燜 10 分鐘使蘿蔔入味。

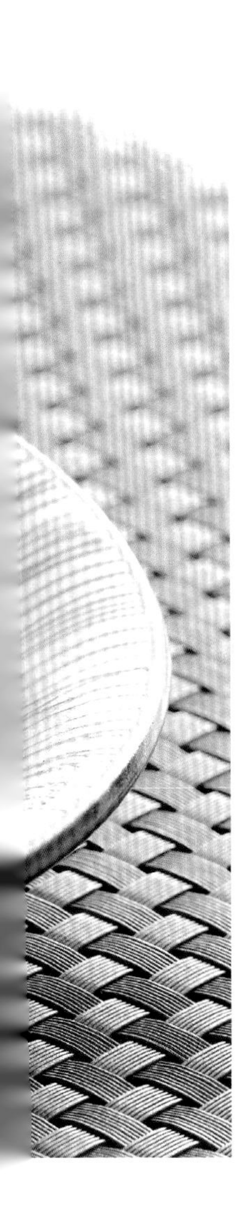

Labanos na may Tempura

● Paraan ng Pagluto：

1. Balatan at hiwain ng malalaki ang labanos. Punasan ang halamang dagat, hiwain ng pahaba at ibabad sa 2 tasang tubig ng 20 minuto.
2. Igisa ang luya sa mantika hanggang bumango, ilagay ang labanos, halamang dagat pati pinagbabaran nito at panimpla.Pakuluan at pahinain ang apoy, ilaga ng 30 minuto.
3. Ilagay ang tempura, iluto ng 3 minuto patayin ang apoy at hayaan ng 10 minuto para maging mas malasa ang labanos.

Semur lobak sama tempura

● Cara memasak :

1. Kupas lobak dan potong-potong agak besar, rumput laut potong-potong lalu rendam degan 2 mangkok air selama 20 menit.
2. Panaskan minyak tumis jahe sampai harum.masukan lobak dan rumput laut dan air rendaman rumput laut bumbui lalu didihkan dengan api kecil,tutup selama 30 menit.
3. Masukan tempura masak 3 menit dan mayikan api, dan jangan di buka dulu selama 10 menit.biar bumbu meresap di lobak dan tempura. Siap sajikan.

小魚莧菜

材　料：莧菜 300 公克、蒜末 1 茶匙、吻仔魚 1/2 杯、蔥 1 支（切段）
調味料：酒 1 茶匙、鹽 1/3 茶匙、柴魚粉少許、太白粉水適量

● 做法：

1. 莧菜摘下嫩菜，菜梗摘成長段。
2. 起油鍋，用 2 大匙油爆香蔥段，加入吻仔魚炒過，淋下少許酒，全部盛出。
3. 另用 1 大匙油爆香蒜末，放下莧菜，以大火拌炒，淋下水 1/2 杯，加鹽及柴魚粉調味。
4. 小火煮至菜已脫生而變軟時，放回吻仔魚，略勾薄芡即可盛出。

Ginisang Gulay at Dulong

Mga Sangkap：300g Chinese spinach, 1k tinadtad na bawang, 1/2 tasang dulong,
1 tangkay ng dahon ng sibuyas

Panimpla：1k alak, 1/3 k asin, artipisyal na panimpla na lasang isda (opsyunal),
cornstarch na may tubig

Paraan ng Pagluto：

1. Gupitin ang malambot na dahon lamang at hiwain ng seksyon ang tangkay ng gulay.
2. Igisa ang dahon ng sibuyas sa 2 kutsarang mantika, isunod ang dulong at igisa ng maigi, buhusan ng alak, igisa ulit at hanguin.
3. Igisa ang bawang sa 1 kutsarang mantika, ilagay ang gulay at igisa. Lagyan ng 1/2 tasang tubig, lagyan ng asin at pampalasa.
4. Iluto sa mahinang apoy hanggang sa lumambot ang gulay, ilagay ang ginisang dulong. Palaputin ng cornstarch na may tubig. Hanguin.

Tumis sayur hijau cah ikan teri putih

Bahan：300g sayur hijau, 1 sdm bawang putih, 1/2 cangkir ikan teri putih,
1 batang daun bawang

Bumbu：1 sdm arak, 1/3 sdm garam, sedikit kecap ikan, tepung sagu

Cara memasak :

1. Siangi sayur hijau dan cuci bersih, potong-potong pisahkan batang dan daunya.
2. Panaskan 2 sdm minyak tumis ikan teri kasih arak , angkat.
3. Tambahkan 1 sdm minyak tumis bawang putih, masukan sayur hijau, masukan 1/2 cangkir air, masukan garam dan sedikit kecap ikan.
4. Masak dengan api kecil, sampai sayur hijau matang masukan ikan teri jadi satu, kentalkan dengan tepung sagu. Siap sajikan.

糖醋海帶結

材　料：海帶結 450 公克、白芝麻 1 大匙、油 1 大匙
調味料：醋 1 1/2 大匙、糖 2 大匙、醬油 2 大匙、酒 1 大匙、味醂 1 大匙、水 1/2 杯

● 做法：

1. 鍋中放入海帶結、2 杯冷水和 1/2 大匙的醋，一起煮至滾，改小火再煮約 20 分鐘以上，至海帶結已有 8 分爛，撈出海帶結。
2. 炒鍋中放入 1 大匙油和糖，開火，以小火慢慢熬煮，炒到糖溶化、略微成茶色，加入醋、醬油、酒、味醂和水，煮滾。
3. 再改成中火，放入海帶結，慢慢燒到收汁，關火、盛出。
4. 待涼後撒下白芝麻。

Matamis at Maasim na Halamang Dagat

Mga Sangkap：450g halamang dagat, 1 K linga, 1 K mantika

Panimpla：1 1/2 K suka, 2 K asukal, 2 K toyo, 1 K alak, 1 K mirin, 1/2 tasang tubig

Paraan ng Pagluto：

1. Pakuluan ang halamang dagat sa 2 tasang tubig at 1/2 kutsarang suka. Sa maliit na apoy, pakuluan ng 20 minuto hanggang sa lumambot ng kaunti at alisin sa tubig.
2. Sa maliit na apoy tunawin ang 1 kutsarang mainit na mantika at asukal hanggang sa magkulay kayumanggi. Lagyan ng suka, toyo, alak, mirin o tubig at pakuluan.
3. Ilagay sa katamtamn ang apoy, ilagay ang halamang dagay, pakuluan hanggang sa mabwasan ang sarsa. Hanguin.
4. Budburan ng linga sa ibabaw kapag lumamig.

Asem manis rumput laut

Bahan：450g rumput laut, 1 sdm wijen putih, 1 sdm mimyak

Bumbu：1 1/2 sdm cuka, 2 sdm gula, 2 sdm kecap, 1 sdm arak, 1 sdm mirin, 1/2 cangkir air

Cara memasak :

1. Rebus rumput laut dengan 2 cangkir air dan 1/2 sdm cuka didihkan dan putar dengan api kecil, masak selama 20 menit sampai rumput laut lunak dan matang angkat dan sisihkan.
2. Siapkan 1 sdm minyak dan gual diwajan masak dengan api kecil,sampai gula berwarna kecoklatan, tambahkan cuka , kecap, mirin,dan air didihkan.
3. Putar dengan api besar, masukan rumput laut, masak dengan api kecil sampai bumbu meresap kerumput laut, angkat.
4. Taburi wijen kalau sudah dingin. Siap sajikan.

茄紅花椰菜

材　料：花椰菜 300 公克、番茄 1 個、蔥 1 支（切段）

調味料：醬油 1 茶匙、番茄醬 1 大匙、鹽適量、糖 1/3 茶匙

● 做法：

1. 花椰菜摘成小朵，用熱水燙 1 ～ 2 分鐘後撈出；番茄洗淨、切成小塊。
2. 鍋中放入 1 大匙油，爆香蔥段和番茄，翻炒數下，至香氣透出。
3. 淋下番茄醬和醬油，再炒一下後加 1 杯水，煮 1 分鐘至番茄略軟。
4. 加入花椰菜再拌炒，並加鹽、糖調味，蓋上鍋蓋，再以中火燜煮至喜愛的脆度，起鍋裝盤。

Kamatis na may Cauliflower

Mga Sangkap：300g cauliflower, 1 kamatis, 1 tangkay ng dahon ng sibuyas
Panimpla：1 k toyo, 1 K ketsup, asin, 1/3 k asukal

● Paraan ng Pagluto：

1. Pagpira pirasuhin ang cauliflower sa maliliit, pakuluan ng 1-2 minuto at alisin sa tubig. Hugasan ang kamatis at hiwain sa maliliit.
2. Igisa ang dahon ng sibuyas at kamatis sa 1 kutsarang mantika hanggang sa bumango.
3. Lagyan ng ketsup at toyo at igisa uli. Buhusan ng 1 tasang tubig, lutuin ng 1 minuto hanggang sa lumambot ang kamatis.
4. Ilagay ang cauliflower, haluin ng maigi, lasahan ng asin at asukal, takpan ang kawali at lutuin sa katamtamang init hanggang sa maluto. Hanguin at ihain.

Tomat cah kembang kol

Bahan：300g kembang kol, 1 tomat, 1 btg daun bawang
Bumbu：1 sdm kecap, 1 sdm saus tomat, garam, 1/3 sdm gula

● Cara memasak :

1. Siangi kembang kol cuci bersih dan rebus sebentar selama 1～2 menit, angkat sisihkan.
2. Panaskan 1 sdm minyak tumis daun bawang dan tomat sampai dau harum.
3. Masukan saus tomatdan kecap tumis lagi tambahkan 1 cangkir air, masak 1 menit, sampai tomat lunak.
4. Masukan kembang kol tumis masukan garam dan gula. Tutup dan masak dengan api sedang,sampai kembang kol matang, angkat. Siap sajikan.

開陽絲瓜燒粉條

材　料：澎湖絲瓜 1 條、蝦米 1 大匙、寬粉條 2 把、蒜片 1 大匙、蔥 1 支（切段）、油 2 大匙
調味料：酒 1 大匙、蠔油 1/2 大匙、鹽 1/3 茶匙、糖 1/2 茶匙、胡椒粉少許、清湯或水 1 1/2 杯

● 做法：

1. 絲瓜輕輕刮去外皮、切成滾刀塊狀，用滾水燙一下，撈出、沖涼。
2. 蝦米沖洗後泡 5 ~ 10 分鐘；寬粉條用溫水泡軟，剪短一點、瀝乾。
3. 燒熱 2 大匙油，放下蔥段、蒜片和蝦米爆香，淋下酒，加入所有調味料煮滾。
4. 放下粉條炒勻，改小火，蓋上鍋蓋，燒煮 2 分鐘。
5. 加入絲瓜略拌，開大火，再燒 1 ～ 2 分鐘（湯汁不夠時可以再添加水）至喜愛的脆度，再適量調味即可。

★ Tips

絲瓜燙一下可以快速至熟、且去除生味；沖過冷水且以大火來燒可以保持綠色。但是粉條會吸水，因此最後一定要保持湯汁的量再上桌。

Sotanghon na may Opo

Mga Sangkap：1 opo, 1 K hibi, 2 sotanghon, 1 K bawang (hiniwa),
1 tangkay ng dahon ng sibuyas (seksyon), 2 K mantika
Panimpla：1 K alak, 1/2 K oyster sauce, 1/3 k asin, 1/2 k asukal, paminta, 1 1/2 tasang sabaw o tubig

Paraan ng Pagluto：

1. Balatan ang opo ng manipis, hiwain at pakuluan ng mabilis, hanguin a banlawan ng malamig na tubig.
2. Hugasan at ibabad sa tubig ang hibi ng 5～10 minuto. Ibabad ang sotanghon sa maligamgam tubig hanggang sa lumambot. Gupitin para umikli at alisin sa tubig.
3. Igisa ang dahon ng sibuyas, bawang at hibi sa mainit na mantika. Lagyan ng alak at mga panimpla, pakuluan.
4. Ilagay ang sotanghon, haluin ng maigi at paliitin ang apoy, takpan at lutuin ng 1 minuto.
5. Ilagay ang opo, palakihin ang apoy, lutuin uli ng 1～2 minuto hanggang mluto (kung kulang ang sabaw dagdagan ng mainit na tubig). Timplahan ng asin kung kailangan.

★ Tips

Any pagpakulo ng opo ay nagpapabilis ng pagluto at nag-aalis ng amoy nito. Banlawan sa malamig na tubig at ilaga sa malakas na apoy para mapanatiu ang berdeng kulay. Ingatan ang sotanghon dahil ito ay madaling lumambot; kaya kailangan lamang na kaunting tubig.

Soun cah oyong

Bahan：1 oyong, 1 sdm udang kering, 2 ikat soun, 1 sdm bawang putih iris, 1 btg daun bawang,
2 sdm minyak
Bumbu：1 sdm arak, 1/2 sdm saus tiram, 1/3 garam, 1/2 sdm gula, sedikit lada,
1 1/2 cangkir kaldu atau air

Cara memasak：

1. Kupas oyong potong-potong, rebus sebentar angkat cuci paai air dingin.
2. Cuci dan rendam udang kering selama 5～10 menit, rendam suon pakai air hagat sampai lunak,dan lembut,potong pendek dan tiriskan.
3. Panaskan minyak tumis bawang putih, daun bawang.,dan udang kering,kasih arak masukan bumbu dan didihkan.
4. Masukan soun aduk rata, kecilkan api dan tutup selama 2 menit.
5. Masukan oyong putar api besar, masak selama 1～2 menit,kalau kuahnya berkurang tambahkan air, tambahkan garam bila perlu. Siap sajika.

★ Tips

Cara memasak oyong biar enak dan tetap warnanya hijau,caranya rebus dulu sebentar dan angkat cuci pakai air dingin. Dan masak dengan api besartutup sebentar tapi jangan terlalu lama , hati-hati soun bias lengket. Harus diperhatikan.

綜合蒟蒻燒

材　料：火鍋豬肉片 150 公克、大白菜 200 公克、新鮮香菇 3～4 朵、豆腐 1 塊
　　　　蒟蒻捲 8～10 捲、蔥 3～4 支、油 3 大匙

調味料：柴魚醬油 5 大匙、糖 1/2 大匙、味醂 1 大匙、水 1 杯

● 做法：

1. 大白菜切寬段；新鮮香菇切塊；豆腐也切塊。
2. 蒟蒻捲要多沖水、去除澀味；蔥切斜片。
3. 鍋中燒熱 3 大匙油，放入肉片和數片蔥，炒至 8 分熟，盛出。
4. 放入大白菜和蔥段，炒至大白菜變軟，放入豆腐、香菇和蒟蒻捲，淋下調味料，蓋好鍋蓋，以中火燒煮 3～5 分鐘。
5. 將肉片放回鍋中，再煮滾即可。

Sinigang na Baboy na may Iba't Ibang Gulay

Mga Sangkap：150 gramong hiniwang baboy, 200 gramong pechay, 3～4 kabuteng shitake, 1 tokwa, 8～10 konnyaku, 3～4 tangkay ng dahon ng sibuyas, 3 K mantika

Panimpla：5 K toyo (lasang bonito), 1/2 K asukal, 1 K mirin, 1 tasang tubig

Paraan ng Pagluto：

1. Hiwain ang pechay sa malalapad na piraso, hiwain ang kabute at tokwa.
2. Banlawan ang konnyaku ng ilang beses. Hiwain ang dahon ng sibuyas.
3. Igisa ang karne at kalahati ng dahon ng sibuyas sa sa mainit na mantika, hanguin pag naluto ang karne.
4. Igisa ang pechay hanggang sa lumambot. Ilagay ang tokwa, kabute, konnyaku at panimpla.Takpan ang kawali at lutin sa katamtamang apoy ng 3-5 minuto.
5. Ilagay ang ang nalutong karne sa sa gulay at pakuluan hanggang sa maluto. Ihain.

Babi masak sayur assorted

Bahan：150g babi iris, 200g kol cina, 3～4 jamur segar dan jamur jarum, 1 ptg tahu, 8～10 ptg soun, 3～4 btg daun bawang, 3 sdm minyak

Bumbu：5 sdm kecap, 1/2 sdm gula, 1 sdm mirin, 1 cangkir air

Cara memasak :

1. Kol dan jamur iris-iris, tahu potong-potong.
2. Cuci jamur jarum dan cuci sound an iris daun bawang.
3. Panaskan minyak dan tumis babi dan 1/2 batang daun bawang, angkat bila daging sudah mau matang.
4. Tambahkan kol dan daun bawang tumis sampai lunak tambahkan tahu, 2 jenis jamur, konyaku rool dan semua bumbu tutup dan masak dengan api sedang selama 3～5 menit.
5. Terakhir masukan babi ke wajan dan didihkan masak sampai ,matang. Siap sajikan.

香乾拌白菜

材　料：大白菜葉 3~4 片、豆腐乾 3 片、油炸花生 2 大匙、蔥 1 支、香菜 2 支、紅辣椒 1 支
調味料：鹽 1/4 茶匙、淡色醬油 1 大匙、醋 1 大匙、糖 1 茶匙、麻油 1 大匙

● 做法：

1. 大白菜、蔥和紅辣椒分別切絲，用冷開水沖洗一下，瀝乾水分。
2. 豆腐乾切成絲，用熱水汆燙一下，撈出、瀝乾水分。
3. 油炸花生去皮；香菜洗淨，切短段。
4. 所有材料放大碗中，加調味料拌合，最後加入花生即可裝盤上桌。

Repolyo at Inimbak na Tokwa

Mga Sangkap：3～4 dahon ng pechay, 3 inimbak na tokwa, 2 K mani,
1 tangkay ng dahon ng sibuyas, 2 tangkay ng wansoy, 1 sili
Panimpla：1/4 k asin, 1 K toyo, 1 K suka, 1 k asukal, 1 K sesame oil

● Paraan ng Pagluto：

1. Gayatin ang pechay, dahon ng sibuyas at sili sa maninipis, hugasan ng malinis na tubig, patuyuin.
2. Hiwain sa maninipis ang tokwa, pakuluan ng mabilis at patuluin.
3. Balatan ang mani, hugasan ang wansoy at hiwain sa 1/4 sentimetrong haba.
4. Haluin ang lahat ng sangkap at Panimpla, ilagay ang mani at ihain.

Salad kol sama tahu kering

Bahan：3～4 ptg kol cina, 3 ptg tahu kering, 2 sdm kacang goreng,
1 btg daun bawang, 2 btg daun wansui, 1 cabe merah
Bumbu：1/4 sdm garam, 1 sdm kecap asin, 1 sdm cuka, 1 sdm gula, 1 sdm minyak wijen

● Cara memasak :

1. Cuci kol dan daun bawang, cabe merah lalu potong-potong, cucinya pakai air matang dan tiriskan.
2. Tahu kering di iris-iris, rebus sebentar dan tiriskan.
3. Kupas kulit kacang tanah goreng dan daun wansui di potong-potong.
4. Campur semua bahan dan bumbu terakhir kacang tanah goreng. Siap sajikan.

香根蘿蔔絲

材　料：肉絲 80 公克、白蘿蔔 1 條（約 500 公克重）、蔥 1 支、冬粉 1 把、香菜 2 支
調味料：（1）醬油 1 茶匙、水 2 大匙、太白粉 1/2 茶匙
　　　　（2）醬油 1 大匙、鹽 1/4 茶匙、水 1 1/2 杯、胡椒粉少許、麻油數滴

● 做法：

1. 肉絲用調味料（1）抓拌一下，醃 10 分鐘。
2. 白蘿蔔削皮、切成粗絲；冬粉泡軟，剪 2～3 刀；香菜連梗切小段。
3. 鍋中用 2 大匙油先炒熟肉絲，再加入蘿蔔絲同炒。
4. 炒到蘿蔔絲變軟後，加入醬油、鹽和水，大火煮滾後改小火，燜煮 6～7 分鐘。
5. 加入冬粉，挑拌均勻，再酌量加鹽和胡椒粉調味，煮至粉絲夠軟，關火、滴下麻油，拌入蔥花和香菜段，裝盤。

Ginisang Labanos na may Wansoy

Mga Sangkap：80g ginayat na karneng baboy, 500g labanos,
1 tangkay ng dahon ng sibuyas, 1 bigkis ng sotanghon, 2 tangkay ng wansoy
Panimpla：(1) 1 k toyo, 2 K tubig, 1/2 k cornstarch
(2) 1 K toyo, 1/4 k asin, 1 1/2 tasang tubig, kaunting paminta, kaunting sesame oil

Paraan ng Pagluto：

1. Ihalo sa karne ang Panimpla (1), itabi ng 10 minuto.
2. Balatan ang labanos at hiwain ng pahaba; ibabad ang sotanghon sa tubig para lumambot, gupitin ng maikli; tadtarin ang dahon ng sibuyas; hiwain sa seksyon ang wansoy.
3. Igisa ang karne sa 2 kutsarang mainit mantika. Ilagay ang labanos, igisa hanggang sa lumambot.
4. Lagyan ng toyo, asin at tubig, pakuluan, pahinaan ang apoy at lutuin ng 6～7 minuto.
5. Ilagay ang sotanghon, dagdagan ng asin (kung kulang) at paminta, palambutin ang sotanghon at patayin ang apoy. Lagyan ng sesame oil, tinandtad na dahon ng sibuyas at wansoy, haluin at ihain.

Soun masak lobak dan daun wansui

Bahan：80g babi iris, 500g lobak, 1 btg daun bawang, 1 ikat soun, 2 btg daun wansui
Bumbu：(1) 1 sdm kecap, 2 sdm air, 1/2 sdm tepung
(2) 1 sdm kecap, 1/4 sdm garam, 1 1/2 cangkir, lada, minyak wijen

Cara memasak :

1. Campurkan bumbu (1) sama daging babi diamkan selama 10 menit.
2. Kupas lobak dan iris korek api, rendan soun sampai lunak dan potong pendek, cincang daun bawang, dan potong daun wansui.
3. Panaskan 2 sdm minyak, tumisbabi dan lobak.
4. Tambahkan kecap dan garam, air didihkan dengan api kecil, masak selama 6～7 menit.
5. Tambahkan soun bumbu 2 , sedikit garam, (kalau perlu) dan lada masak sampai soun matang, matikan api tambahkan minyak wijen, daun bawang, daun wansui aduk rata, siap sajikan.

滷蘿蔔

材　料：白蘿蔔 700 公克、豬肉 150 公克、香菇 3 朵、薑片 2 片
調味料：醬油 2 大匙、味醂 2 大匙、八角 1/2 顆、水 3 杯

● 做法：

1. 白蘿蔔削皮、切成大塊；豬肉切成小塊。
2. 白蘿蔔放入水中燙煮 5 分鐘，撈出蘿蔔，再把肉塊也燙一下。
3. 香菇泡軟、切片。
4. 鍋中用 2 大匙油炒香薑片、肉塊和香菇，加入調味料和蘿蔔，煮滾後改小火，滷煮 40 分鐘。

★ Tips

可以不放豬肉，也很好吃。

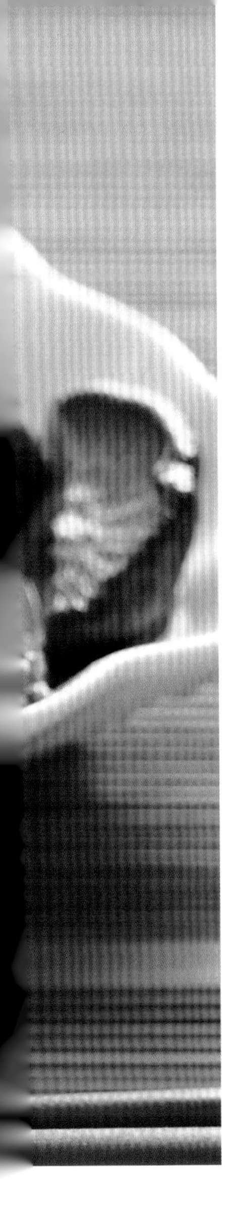

Nilagang Labanos

Mga Sangkap：700g labanos, 150g baboy, 3 pirasong kabute, 2 hiwa ng luya
Panimpla：2 K toyo, 2 K mirin, 1/2 star anise, 3 tasang tubig

● Paraan ng Pagluto：

1. Balatan at hiwain ang labanos sa malalaking piraso. Hiwain ang baboy sa parisukat (mas maliit na hiwa kaysa labanos).
2. Pakuluan sa tubig ng 5 minuto ang labanos. Hanguin at pakuluan ng mabilis ang baboy.
3. Ibabad ang tuyong kabute sa tubig para lumambot, hiwain.
4. Igisa ang luya sa 2 kutsarang mantika, baboy at kabute. Ilagay ang panimpla at labanos. Pahinaan ang apoy pagkatapos kumulo at ilaga ng 40 minuto.

★ Tips

Mas masarap din ang labanaos pag walang karne ng baboy.

Semur lobak

Bahan： 700g lobak, 150g babi, 3 jamur hitam, 2 iris jahe
Bumbu：2 sdm kecap, 2 sdm mirin, 1/2 ptg bunga bintang, 3 cangkir air

● Cara memasak :

1. Lobak kupas kulitnya, potong besar, daging babi potong lebih kecil dari lobak.
2. Rebus lobak selama 5 menit,dan masukan babi sebentar lalu angkat.
3. Rendam jamur hitam sampai lunak,dan iris.
4. Panaskan 2 sdm minyak.tumis jahe , babi dan jamur hitam.da masukan bumbu dan lobak dan didihkan dengan api kecil masak selama 40 menit. Siap sajikan.

★ Tips

Semur lobak ini enggak masak sama daging pu rasanya nikmat atau boleh.

四季鮮菇

材　料：四季豆 200 公克、新鮮香菇 5 ～ 6 朵、大蒜末 1 茶匙
調味料：素蠔油 1 大匙、麻油數滴、胡椒粉少許

● 做法：

1. 四季豆摘去老筋，斜切成 3 段；新鮮香菇切成粗條。
2. 鍋中燒熱 2 大匙油，放下四季豆先炒一下，加約 3 ～ 4 大匙水燜 5 分鐘，連汁盛出。
3. 另用 1 大匙油爆香大蒜末，放下香菇炒一下，倒回四季豆炒勻，加調味料調味，炒勻即可盛出。

Ginisang Bitsuelas na may Kabute

Mga Sangkap：200g bitswelas, 5～6 pirasong sariwang kabute, 1 k tinadtad na bawang
Panimpla：1 K oyster sauce (o toyo), kaunting sesame oil at paminta

Paraan ng Pagluto：

1. Alisin ang magkabilang dulo ng bitswelas, hiwain sa tatlong piraso; hiwain ang kabute.
2. Igisa ang bitsuelas sa 2 kutasarang mantika, lagyan ng 3～4 na kutsarang tubig, lutuin ng 5 minuto. Hanguin.
3. Igisa ang bawang at kabute sa 1 kutsarang mantika, ilagay ang nilutong bitsuelas, lagyan ng Panimpla at haluing maigi.

Kacang buncis cah jamur hitam

Bahan：200g kacang buncis, 5～6 jamur hitam segar, 1 sdm bawang putih cincang
Bumbu：1 sdm saus tiramn sayuran, minyak wijen, lada

Cara memasak :

1. Kacang buncis di cuci potong～ potong dan jamur hitam diiris.
2. Panaskan 2 sdm minyak, tumis kacang buncis tambahkan 3～4 sdm air, masak selama 5 menit. Bila sudah lengket angkat.
3. Panaskan 1 sdm minyak tumis bawang putih dan jamur hitam dan masukan buncis dan bumbu tumis sampai masak, angkat taruh di piring. Siap sajikan.

香蒜雙菇

材　料：新鮮香菇 150 公克、洋菇 8-10 粒、大蒜末 1 大匙、九層塔葉 10 片、橄欖油 3 大匙
調味料：醬油 1 大匙、糖 1/4 茶匙、水 3 大匙、黑胡椒粉少許

● 做法：

1. 香菇切寬條；洋菇視大小一切為兩半或三片厚片。
2. 九層塔切碎，用紙巾吸乾水分。
3. 起油鍋，用 3 大匙油先把洋菇炒一下，炒至洋菇微焦黃，再放下大蒜末和香菇同炒。
4. 待香菇變軟時，加入醬油和糖烹香，並加入水再燜煮一下，至汁收乾，撒下胡椒粉和九層塔屑。

Ginisang Kabute na may Bawang

Mga Sangkap：150g itim na kabute, 8～10 pirasong putting kabute,
1 K tinadtad na bawang, 10 pirasong dahon ng balanoy, 3 K olive oil

Panimpla：1 K toyo, 1/4 k asukal, 3 K tubig, 1/4 k paminta

Paraan ng Pagluto：

1. Hiwain ang itim na kabute pahaba. Hiwain ang puting kabute sa 2～3 piraso.
2. Tadtarin ang balanoy at patuyuin.
3. Igisa ang puting kabute sa 3 kutsarang na mantika, ilagay ang bawang at itim na kabute at igisa uli.
4. Igisa ang kabute hanggang lumambot, ilagay ang toyo at asukal, igisa ng maigi, lagyan ng tubig, pakuluan hanggang sa masipsip ng kabute ang tubig. Budburan ng paminta at balanoy.

Jamur merang cah bawang putih

Bahan：150g jamur hitam segar, 8～10 jamur hitam, 1 sdm bawang putih cincang,
10 daun kemangi, 3 sdm minyak olive

Bumbu：1 sdm kecap, 1/4 sdm gula, 3 sdm air, 1/4 sdm lada hitam

Cara memasak :

1. Potong jamur jadi dua, dan cuci.
2. Cincang daun kemangi dan peras kering.
3. Panaskan 3 sdm minyak tumis jamur hitam segar kalau sudah warna kecoklatan tambahkan bawang putih dan jamur hitam terus masak.
4. Tumis sampai jamur lunak tambahkan kecap dan gula,masak da tambahkan air, tutup sebentar biar saus meresap terakhir kasih lada dan daun kemangi. Siap sajikan.

菇蕈燒烤麩

材　料：烤麩 6 塊、香菇 5 朵、乾木耳 1 大匙、乾金針菜 1 把、蔥 2 支（切段）、薑 2 片
調味料：醬油 3 大匙、糖 1 大匙、麻油 1/2 茶匙

● 做法：

1. 烤麩撕成小塊，用 4 大匙熱油煎至外層變硬，盛出。
2. 香菇泡軟、剪除蒂頭，切成片；金針菜泡軟、洗淨。
3. 木耳泡軟，摘去蒂頭，略撕小一點，洗乾淨。
4. 起油鍋，用 2 大匙油炒香蔥段、薑片和香菇，加入醬油、糖和水，再放入烤麩和木耳，煮約 15 分鐘。
5. 加入金針菜，再煮約 5 分鐘，煮透後關火。滴下麻油，拌勻盛出。

Nilagang Wheat Gluten (Kao fu) na may Kabute at Tenga ng Daga

Mga Sangkap：6 na pirasong wheat gluten, 5 itim na kabute, 1 K tenga ng daga,
1 dakot ng tuyong lily flower, 2 tangkay ng dahon ng sibuyas(seksyon),
2 hiwa ng luya

Panimpla：3 K toyo, 1 K asukal, 1/2 k sesame oil

Paraan ng Pagluto：

1. Pagpira pirasuhin ang wheat gluten sa maliliit, iprito sa 4 na kutsarang mantika hanggang sa pumula, hanguin.
2. Alisin ang tangkay ng kabute at hiwain sa 2 o 3 piraso. Ibabad ang lily flower, hugasan.
3. Ibabad ang tenga ng daga para lumambot, hatiin sa maliit na piraso.
4. Igisa ang luya, dahon ng sibuyas at kabute sa 1 kutsarang mantika. Lagyan ng toyo, asukal at 1/2 na tasang tubig, ilagay ang wheat gluten at tenga ng daga, pakuluan ng 15 minuto.
5. Ilagay ang lily flower, pakuluan ng 5 minuto. Lagyan ng sesame oil, haluing mabuti at hanguin.

Sayur tepung masak jamur hitam dan jamur kuping

Bahan：6 ptg sayur tepung, 5 jamur hitam, 1 sdm jamur kuping kering,
1 genggam bunga lili kering, 2 btg daun bawang, 2 iris jahe

Bumbu：3 sdm kecap, 1 sdm gula, 1/2 sdm minyak wijen

Cara memasak :

1. Berwarna kuning emas, angkat dan sisihkan.
2. Rendam jamur dan potong jadi 2～3 potong dan rendam bunga lili cuci bersih.
3. Rendam jamur kupng sampai lunak dan iris kecil.
4. Tumis jahe, daun bawang, dan jamur hitam dengan 2 sdm minyak, tambahkan kecap, gula, 1/2 cangkir air dan masukan sayur tepung dan jamur kuping dan tutup masak selama 15 menit.
5. Tambahkan bunga lili, masak lagi 5 menit, tambahkan minyak wijen, aduk rata. Siap sajikan.

筍炒豆包

材　料：炸豆包 2 片、榨菜 1 小塊（約 80 公克）、筍 2 支、胡蘿蔔 1/2 支、蔥 1 支（切段）
調味料：鹽 1/3 茶匙、胡椒粉少許、麻油少許

● 做法：

1. 炸豆包再用約 3 大匙油把兩面都煎至黃且酥脆（也可以用 1 杯油再炸一下）。直紋切成寬條。
2. 筍煮 30 分鐘、切條；胡蘿蔔煮 10 分鐘、切細條；榨菜切絲，用水沖洗、漂去一些鹹味。
3. 鍋中熱 2 大匙油，先炒香蔥段、榨菜和筍絲，炒香後加入胡蘿蔔和豆包，淋下約 4 大匙水同炒。
4. 加鹽和胡椒粉調味，再炒勻即可關火，滴下麻油。

★ Tips

如果買新鮮豆包就不能用煎的，一定要炸才行。

Ginisang Tokwa na may Labong

Mga Sangkap：2 pirasong piniritong tokwa, 80 gramong inimbak na ulo ng mustasa, 2 labong, 1/2 karot, isang tangkay ng dahon ng sibuyas(seksyon)

Panimpla：1/3 k asin, kaunting paminta at sesame oil

Paraan ng Pagluto：

1. Iprito ang tokwa sa 3 kutsarang mainit na mantika, iprito ang magkabilang bahagi hanggang sa lumutong at kayumanggi ang kulay (o pwede rin iprito sa 1 tasang mantika). Hiwain ng pahaba.
2. Pakuluan ang labong ng 30 minuto, gayatin ng maninipis: pakuluan ang karot ng 10 minuto, hiwain ng maninipis; hiwain ang inimbak na mustasa, hugasan para maalis ang alat.
3. Igisa ang inimbak na mustasa at labong sa 2 kutsarang mantika. Ilagay ang karot at tokwa, buhusan ng 4 na kutsarang tubig. Igisa ng maigi.
4. Lagyan ng asin at paminta at haluing maigi. patayin ang apoy at buhusan ng sesame oil.

★ Tips

Kung sariwang tokwa ang binili, iprito ito hanggang sa magkulay kayumanggi ang magkabilang bahagi, pero ang amoy ay mas kaunti kaysa sa prito na ng bilhin.

Rebung cah kembang tahu

Bahan：2 ptg kembang tahu, 80g sayur asin, 2 rebung, 1/2 wortel, 1 btg daun bawang

Bumbu：1/3 sdm garam, sedikit lada dan minyak wijen

Cara memasak :

1. Panaskan 3 sdm minyak tumis kembang tahu sampai kering dan warna kuning emas, dan iris memanjang.
2. Masak rebung selama 30 menit dan iris, masak wortel selama 10 menit lalu iris, iris sayur asin lalu di cuci bersih hilangkan rasa asinnya.
3. Panaskan 2 sdm minyak tumis daun bawang, sayur asin dan rebung, masukan wortel dan kembang tahu, tambahkan 4 sdm air tumis lagi.
4. Masukan bumbu , garam, dan lada matikan api kasih minyak wijen, siap sajikan.

★ Tips

Jika anda beli kembang tahu segar, anda harus menggorengnya dulu, jangan langsung dimask.

玉米四寶

材　料：絞肉 2～3 大匙、罐頭玉米粒 1 杯、黃瓜 1 支、番茄 1 個、蔥花 1 大匙
調味料：醬油 1 茶匙、鹽適量、麻油數滴

● 做法：

1. 黃瓜一切為四條，去籽後再切丁，用少許鹽抓拌一下，待出水後沖洗一下，擠乾水分。
2. 番茄汆燙 1 分鐘，浸泡冷水後去皮，切成丁，番茄籽盡量不用。
3. 起油鍋用 1 大匙油炒香絞肉和蔥花，加入番茄、玉米和黃瓜同炒。
4. 加入醬油和鹽調味，淋下 4 大匙水，大火炒勻。滴下數滴麻油拌勻。

Ginisang Sweet Corn

Mga Sangkap：2～3 K giniling na karneng baboy, 1 tasang sweet corn, 1 pipino, 1 kamatis, 1 K tinadtad na dahon ng sibuyas

Panimpla：1 k toyo, asin, kaunting sesame oil

Paraan ng Pagluto：

1. Hiwain ang pipino sa 4 ng pahaba, alisin ang buto. Hiwain pakwadrado at haluan ng asin. Kapag lumambot na ang pipino, hugasan at pigain.
2. Pakuluan ang kamatis ng 1 minuto; ibabad sa malamig na tubig para maalis ang balat; hiwain pakwadrado, alisin ang buto.
3. Igisa ang giniling na karne at tinadtad na dahon ng sibuyas sa 1 kutsarang mantika. Ilagay ang kamatis, mais at pipino, haluing maigi.
4. Timplahan ng toyo at asin, buhusan ng 4 kutsarang tubig, haluin ng maigi sa malakas na apoy. Lagyan ng sesame oil.

Tumis jagung manis

Bahan：2～3 sdm babi cincang, 1 mangkok jagung manis, 1 timun, 1 tomat, 1 sdm daun bawang cincang

Bumbu：1 sdm kecap, garam, beberapa tetes minyak wijen

Cara memasak :

1. Timun potong menjdai 4 bagian buang bijinya, dan potong～potong kecil, kasih garam aduk～aduk sampai lunak cuci dan pers airnya (kering).
2. Rebus tomat 1 menit, rendam pakai air dingin, angkat dan potong simpan biinya.
3. Tumis babi cincang dan daun bawang dengan 1 sdm minyak masukan tomat, jagung manis, dan tumis lagi.
4. Masukan bumbu, kecap dan garam tambahkab 4 sdm air tumis lagi dengan api besar dan kasih minyak wijen. Siap sajikan.

胡瓜肉末炒粉絲

材　料：胡瓜 1/2 條（300 公克）、絞肉 2 大匙、香菇 2 朵、蔥花 1 大匙、粉絲 1 把
調味料：醬油 1 大匙、鹽 1/4 茶匙、水 1 杯、胡椒粉少許、麻油數滴

● 做法：

1. 胡瓜削皮、切成粗條；香菇用水泡軟後切絲；粉絲泡軟、剪短一點。
2. 起油鍋，用 2 大匙油先炒香絞肉和香菇，再加入蔥花和胡瓜繼續拌炒。
3. 加醬油和鹽再炒一下，加入水，蓋上鍋蓋，燒煮 2 ～ 3 分鐘左右。
4. 加入粉絲，再煮一會兒，至粉絲已透明、變軟，撒下胡椒粉、滴下麻油。再加以拌合即可關火、裝盤。

Ginisang Labanos na may Sotanghon

Mga Sangkap：1/2 labanos (300 gramo), 2 K giniling na baboy, 2 itim na kabute, 1 K tinandtad na dahon ng sibuyas, 1 bigkis ng sotanghon

Panimpla：1 K toyo, 1/4 k asin, 1 tasang tubig, kaunting paminta at sesame oil

Paraan ng Pagluto：

1. Balatan ang labanos; hiwain sa manipis; ibabad ang kabute sa tubig hanggang sa lumambot, gayatin; ibabad ang sotanghon sa tubig para lumambot, gupitin ng maikli.
2. Igisa sa 2 kutsarang mainit mantika ang karne at kabute hanggang sa bumango. Lagyan ng dahon ng sibuyas at ilagay ang labanos, gisahin.
3. Timplahan ng toyo at asin. Lagyan ng tubig, takpan ang kawali at lutuin ng 2～3 minuto sa katamtamang apoy.
4. Ilagay ang sotanghon at palambutin. Budburan ng paminta at buhusan ng sesame oil. Patayin ang apoy at alisin sa kawali.

Soun labu goreng

Bahan：1/2 labu (300g), 2 sdm babi cincang, 2 jamur hitam, 1 sdm daun bawang cincang, 1 ikat soun

Bumbu： 1 sdm kecap, 1/4 sdm garam, 1 cangkir, sedikit lada dan minyak wijen

Cara memasak :

1. Kupas kulit labu dan iris korek, rendanm jamur hitam sampai lunak dan iris.
2. Panaskan 2 sdm minyak tumis babi cincang, dan jamur hitam, sampai harum, tambahkan daun bawang dan labu teruskan masak.
3. Masukan bumbu garam dan kecap, tambahkan air tutup selama 2～3 menit.
4. Masukan soun masak sampai lunak, tambahkan lada dan minyak wijen aduk jadi satu dan rata, siap sajikan.

麻辣黃瓜雞絲

材　料：黃瓜 2 條、熟雞胸肉 1 片、粉皮 1 片、蔥花 1 大匙、細薑末 1/2 茶匙

調味料：（1）鹽 1/2 茶匙

（2）辣椒醬 1 茶匙、醬油 1/2 大匙、醋 1/2 大匙、糖 1 茶匙、麻油 1 茶匙、辣油 1 茶匙、花椒粉 1/4 茶匙

● 做法：

1. 黃瓜剖切成四條，去籽後再切成段，撒下鹽拌醃 15 分鐘。
2. 洗去醃黃瓜的鹽分，擠乾水分、放在盤中。
3. 粉皮撕成寬條；熟雞胸肉撕成絲，一起放在盤中。
4. 碗中先調好調味料（2），放下蔥花和薑末攪勻，放置 10 分鐘，吃之前澆在黃瓜雞絲粉皮上。

Maanghang na Salad na Manok na may Pipino

Mga Sangkap：2 pipino, 1 lutong dibdib ng manok, 1 sotanghon,
1 K tinadtad na dahon ng sibuyas, 1/2 k tinadtad na pino ng luya

Panimpla：(1) 1/2 k asin
(2) 1 k chili paste, 1/2 K toyo, 1/2 K suka, 1 k asukal, 1 k sesame oil,
1 k chili oil, 1/4 k pulang pinulbos na paminta

Paraan ng Pagluto：

1. Hiwain ang pipino sa 4 pahaba, alisin ang buto, hiwain ng seksyon. Haluin sa asin ng 15 minuto.
2. Hugasan ang pipino, pigain at ilagay sa plato.
3. Punitin ang sotanghon sa malalaking piraso; pagpirasuhin ang karne ng manok sa maninipis. Ilagay sa plato kasama ng pipino.
4. Ihalo ang panimpla (2) sa isang mangkok, lagyan ng dahon ng sibuyas at luya, itabi ng 10 minuto. Ibuhos ang sarsa sa manok at pipino bago kainin.

Salad pedas ayam dan timun

Bahan：2 timun, 1 ptg ayam matang, 1 ptg soun besar,
1 sdm daun bawang cincang, 1/2 sdm jahe cincang

Bumbu：
(1) 1/2 sdm garam
(2) 1 sdm saus cabe, 1/2 sdm kecap, 1/2 sdm cuka, 1 sdm gula, 1 sdm minyak wijen,
1 sdm minyak cabe, 1/4 sdm lada

Cara memasak :

1. Potong timun menjadi 4 dan buang bjinya, dan potong menjadi potong.aduk sama garam selama 15 menit.
2. Cuci timun dan peras kering,taru di piring.
3. Ayam di sobek-sobek kecil taruh dipiring dan sobek-sobek soun besar jadi berapa sobekan, taruh dipiring.
4. Bumnbu (2) taruh di mangkok dan aduk rata tambahkan bawang cincang dan jahe cincang diamkan 10 menit, tuangkan saus diatas timun sebelum makan, siap sajikan.

培根炒蘆筍

材　料：培根 3 片、綠蘆筍 150 公克、新鮮香菇 3～4 朵、大蒜末 1/2 茶匙
調味料：鹽 1 茶匙、鹽、胡椒粉各少許

● 做法：

1. 培根切成小片；蘆筍切段；新鮮香菇切條。
2. 鍋中煮滾 4 杯水，加入鹽 1 茶匙，放下蘆筍汆燙一下，撈出、沖水至冷。
3. 香菇放入水中也快速的燙一下，撈出、沖涼，擠乾水分。
4. 起油鍋用少許油炒香培根片，中火炒至培根出油時，放下大蒜末，炒香後加入香菇和綠蘆筍，淋下 4 大匙的水炒勻，撒下鹽和胡椒粉調味。

Ginisang Asparagus na may Bacon

Mga Sangkap：3 pirasong bacon, 150g asparagus, 3～4 sariwang kabute,
1/2 k tinadtad na bawang

Panimpla：1 k asin, asin at paminta

Paraan ng Pagluto：

1. Hiwain ang bacon sa maliliit; hiwain sa seksyon ang asparagus; hiwain sa manipis ang kabute.
2. Pakuluan ang 4 na tasang tubig, lagyan ng 1 kutsaritang asin, pakuluan ng mabilis ang asparagus, hanguin at palamigin sa tubig.
3. Pakuluan ng mabilis ang kabute, hanguin at palamigin sa tubig. Pigain ang natitirang tubig sa kabute.
4. Igisa ang bacon sa kaunting mantika hanggang bumango. Ilagay ang bawang, isunod ang asparagus at kabute. Lagyan ng 1～2 kutsarang tubig, igisa ng maigi. timplahan ng asin at paminta.

Asparagus cah asinan daging babi

Bahan：3 ptg asinan babi, 150g asparagus, 3～4 ptg jamur hitam segar,
1/2 sdm bawang putih

Bumbu：1 sdm garam, garam dan lada

Cara memasak :

1. Potong asinan babi, potong asparagus, iris jamur hitam segar.
2. Didihkan 4 cangkir air, tambahkan 1 sdm garam, rebus sebentar asparagus, angkat dan cuci pakai air dingin.
3. Rebus jamur hitam segar, cuci dan tiriskan dan peras sampai enggak ada airnya.
4. Tumis babi dengan sedikit minyak sampai harum, tambhakan bawang putih dan masukan asparagus dan jamur hitam, tambkakan 1～2 sendok air tumis lagi dan masukan bumbu garam dan lada. Matikan api siap sajikan.

皮蛋拌豆腐

材　料：嫩豆腐 1/2 盒、皮蛋 1 個、肉鬆 1 大匙、蔥花 1 大匙
調味料：醬油膏 2 大匙、麻油適量

● 做法：
1. 豆腐沖一下冷開水，瀝乾水分，放入盤中。
2. 皮蛋、肉鬆和蔥花放入盤中，淋下調味料，吃時拌勻。

Salad na Tokwa na may Inimbak na Itlog

Mga Sangkap：1/2 sariwang tokwa, 1 inimbak na itlog, 1 K hinimay na karne, 1 K tinadtad na dahon ng sibuyas
Panimpla：2 K pinalapot na toyo, sesame paste

● Paraan ng Pagluto：
1. Hugasan ang tokwa, patuluin ang tubig. Ilagay sa plato.
2. Hatiin sa gitna ang itlog, ilagay kasama ng tokwa. Ibuhos ang Panimpla at budburan ng hinimay na karne at tinadtad na dahon ng sibuyas. Haluin ng maigi bago ihain.

Salad tahu dan telor hitam

Bahan：1/2 kotak tahu lembut, 1 telor hitam, 1 sdm abon, 1 sdm daun bawang cincang
Bumbu：2 sdm kecap kental, minyak wijen

● Cara memasak :
1. Cuci tahu, taruh di piring.
2. Belah telor taruh bersama tahu di piring, abon dan daun bawang cincang, tuang bumbu. Campur jadi satu bila, siap sajikan.

肉末燒豆腐

材　料：香菇 2 朵、絞肉 2~3 大匙、嫩豆腐 1 盒、大蒜 1 粒、芹菜 1 支
調味料：酒 1 茶匙、醬油 1/2 大匙、蠔油 1/2 大匙、太白粉水適量、胡椒粉少許
麻油數滴

● 做法：
1. 香菇泡軟後切丁；大蒜剁碎；豆腐切成小塊；芹菜切成小丁粒。
2. 鍋中加熱 2 大匙油，放入絞肉、香菇和大蒜末炒香。
3. 淋下酒、醬油、蠔油和水 1 杯，加入豆腐一起煮滾，改小火燒約 5 分鐘。
4. 慢慢加入太白粉水勾芡，避免將豆腐攪碎。加入麻油、胡椒粉和芹菜粒，關火、盛出裝盤。

Nilagang Tokwa na may Baboy

Mga Sangkap：2 itim na kabute, 2～3 K giniling na baboy, 1 sariwang tokwa,
1 bawang, 1 tangkay ng celery

Panimpla：1 k alak, 1/2 K toyo, 1/2 K oyster sauce, cornstarch na may tubig,
kaunting paminta at sesame oil

● Paraan ng Pagluto：

1. Ibabad ang kabute sa tubig para lumambot, hiwain pakwadrado; tadtaring ang bawang; hiwain ang tokwa sa piraso; tadtarin ang celery.
2. Igisa ang baboy, kabute at bawang sa 2 kutsarang mantika.
3. Buhusan ng alak, toyo, oyster sauce at 1 tasang tubig, ilagay ang tokwa at pakuluan. Ilagay sa katataman ang apoy at lutuin ng 5 na minute.
4. Palaputin ang sarsa gamit ang cornstarch na may tubig, haluin ng dahan dahan para di madurog ang tokwa. Lagyan ng sesame oil, paminta at celery sa huli. Patayin ang apoy ihain.

Tahu masak sama babi cincang

Bahan：2 jamur hitam, 2～3 sdm babi cincang, 1 kotak tahu lembut,
1 sisung bawang putih, 1 btg daun bawang

Bumbu：1 sdm arak, 1/2 sdm kecap, 1/2 sdm oyster saus, tepung, lada,
sedikit minyak wijen

● Cara memasak :

1. Rendam jamur hitam biar lunak,dan iris kecil, cincang bawang putih, tahu potong kotak, iris seledri.
2. Panaskan 2 sdm minyak tumis babi, jamur, bawang putih tumis sampai bau harum.
3. Tuangkan arak, kecap, oyster saus, dan 1 cangkir air, tambahkan tahu didihkan, kecilkan api masak selama 5 menit.
4. Kentalkan dengan tepung maizena, tuang pelan～pelan jangan sampai tahu hancur, tambahkan minyak wujen, lada, dan seledri. Siap sajikan.

芹菜豆乾炒肉絲

材　料：肉絲 100 公克、豆腐乾 6 片、芹菜 3 支、蔥 1 支（切段）、紅辣椒 1 支
調味料：（1）醬油 1 茶匙、太白粉 1 茶匙、水 1 大匙
　　　　（2）醬油 2 茶匙、鹽少許、麻油數滴

● 做法：

1. 肉絲用調味料（1）拌勻，醃 30 分鐘以上。
2. 芹菜摘好，切成約 4 公分長；豆腐乾切絲，用熱水浸泡 2 ～ 3 分鐘，瀝乾。
3. 用 2 大匙油將肉絲過油炒熟，盛出。
4. 放入蔥段爆香，再加入豆乾絲同炒，淋下醬油和水約 3 ～ 4 大匙一起炒勻，再加鹽調味。
5. 最後放入肉絲和芹菜段，再以大火炒勻，滴下麻油便可裝盤。

★ Tips

豆腐干用熱水浸泡或以熱水汆燙一下，炒起來較嫩。如喜歡有焦香又硬的口感，要把豆腐乾用油先半煎半炒至略有焦痕後再炒。

Ginisang Baboy na may Celery at Inimbak na Tokwa

Mga Sangkap：100g maninipis na hiwa ng baboy, 6 pirasong inimbak tokwa, 3 tangkay ng celery, 1 dahon ng sibuyas, 1 sili

Panimpla：(1) 1 k toyo, 1 k cornstarch, 1 K water
(2) 2 k toyo, asin, kaunting sesame oil

● Paraan ng Pagluto：

1. Ihalo ang karne at panimpla (1) at itabi ng 30 minuto.
2. Alisan ng dahon ang celery at hiwain sa 4 sentimetrong haba; hiwain ng manipis ang tokwa. Ibabad sa mainit na tubig ng 2～3 minuto, alisin sa tubig pagkatapos.
3. Igisa ang karne sa 2 kutsarang mantika, hanguin.
4. Igisa ang dahon ng sibuyas hanggang bumango. Ilagay ang tokwa, toyo at 3～4 kutsarang tubig, igisa ng ilang segundo.
5. Ilagay ang karne at celery sa tokwa, igisa sa malaking apoy hanggang maihalong mabuti. Timplahan ng asin. Lagyan ng sesame oil.

★ Tips

Ibabad ang hiniwang na tokwa sa maiinit na tubig o pakuluan para manatiling malambot matapos igisa. Kung mas gusto nyo ng mas matigas igisa ito sa mantika hanggang maging kayumanggi ang kulay.

Tahu kering, seledri cah babi

Bahan：100g daging babi, 6 tahu kering, 3 batang seledri, 1 batang daun bawang, 1 cabe merah

Bumbu：(1) 1 sdm kecap, 1 sdm tepung maizena, 1 sdm air
(2) 2 sdm kecap, garam, beberapa tetes minyak wijen

● Cara memasak：

1. Campurkan bumbu (1) dengan babi.
2. Cuci seledri potong-potong kira-kira 4cm, iris tahu kering dan rendam pakai air panas selama 2～3 menit, ankat dan tiriskan.
3. Tumis babi dengan 2 sdm minyak, angkat.
4. Masukan daun bawang tumis sampai harum, masukan yahu kering, kecap, 3～4 sdm air, tumis lagi taruh garam bila perlu.
5. Masukan babi dan seledri tumis dengan api besar tumis sampai matang dan tambahkan minyak wijen. Siap sajikan.

★ Tips

Rendam tahu kering dengan air panas biar tahu enak dan empuk, bila suka tahu digoreng dulu sampai warna kuning emas.

菜脯蛋

材料：蘿蔔乾 2 大匙、蛋 4 個、蔥花 1 大匙
調味料：糖 1 茶匙、胡椒粉少許

● 做法：
1. 將蘿蔔乾用水沖洗、浸泡一下去鹹味，擠乾水份，切成碎小粒狀。
2. 起油鍋，先用 2 大匙油把蔥花和蘿蔔乾炒香，加糖和胡椒粉調味，盛出待涼。
3. 雞蛋打散，拌入蘿蔔乾。
4. 鍋中燒熱6～7大匙油，淋下蛋汁，用筷子將蛋調整成圓形，並輕輕攪動鍋底較厚的部分，使蛋均勻受熱。
5. 以極小的火煎好底面，且蛋汁已有2/3凝固，翻面再煎，煎時要搖動鍋子，以免底部煎焦。
6. 待兩面均煎成金黃色，開大火再煎一下，便可盛到盤中。

★ Tips
要將菜脯蛋煎成圓形就要用多量的油，最後再開大火就可以逼出油。不想用太多油，就用一般炒蛋方法即可。

Pritong Itlog na may Pinatuyong Labanos

Mga Sangkap：2 K pinatuyong labanos, 4 na itlog, 1 K tinadtad na dahon ng sibuyas
Panimpla：1 k asukal, paminta, 1/4 k asin

Paraan ng Pagluto：

1. Hugasan ang pinatuyong labanos ng ilang beses para maalis ang maalat na lasa. Patuluin at pigain. Tadtarin ng pino.
2. Igisa ang dahon ng sibuyas at labanos sa 2 kutsarang mantika, timplahan ng asukal at paminta at alisin sa kawali. Hayaang lumamig.
3. Batiin ang itlog na may asin, ihalo ang ginisang pinatuyong labanos.
4. Painitin ang 6～7 kutsarang mantika sa kawali, ilagay ang hinalong itlog. Gumamit ng chopsticks para maayos ang hugis. Haluin ang ilalim ng piniritong itlog ng dahan dahan para mapantay ang pagkaluto.
5. Iprito ang itlog sa kaunting apoy, kung halos luto na baliktarin ang itlog at iprito uli. Alugin ang itlog para hindi masunog.
6. Kapag ang magkabilang bahagi ay kulay gintong kayumanggi na, iprito sa malaking apoy ng ilang Segundo. Ilipat sa pinggan.

★ Tips

Ang katamtamang dami ng mantika ay kailangan para mabuo ng pabilog ang itlog. Palakihan ang apoy sa huli para maalis ang mantika sa itlog. Pwede ring gumamit ng kaunting mantika sa paghalo ng itlog.

Telor goreng cai po

Bahan：2 sdm cai po / lobak kering, 4 butir telor, 1 sdm daun bawang cincang
Bumbu：1 sdm gula, lada

Cara memasak :

1. Cuci bersih lobak kering dan hilangkan rasa asinnya,dan peras lalu cincang.
2. Panaskan minya 2sdm tumis daun bawang, dan lobak kering, masukan gula dan lada.
3. Campurkan telor sama lobak kering yang suudah ditmis aduk rata/ kocok.
4. Panaskan 6～7 sdm minyak tuang adunan telor caipo ke dalam wajan.
5. Goring telor dengan api kecil, kalau sudah hamper matang balikan dan goyangkan wajan biar enggak gosong.
6. Kalau sudah berubah warna keemasan putar api besar dan angkat taruh atas piring, siap sajikan.

★ Tips

Bila anda mengingikan dadar telor bias bulat dan gak rusak lebih baik dengan minyak agak banyak sedikit. Ketika sudah matang putar api besar biar telor enggak berminyak.

洋蔥肉末炒蛋

材　料：絞肉 2 大匙、洋蔥 1/4 個、蛋 4 個、鹽 1/3 茶匙
調味料：（1）醬油少許、太白粉少許、水 1 茶匙
　　　　（2）醬油 1 茶匙、胡椒粉少許

● 做法：

1. 絞肉拌上調味料（1）備用。
2. 洋蔥切細絲；蛋加鹽 1/3 茶匙打散。
3. 鍋中先將絞肉用 1 大匙油炒散，加入洋蔥同炒，炒到洋蔥香氣透出，滴下醬油和胡椒粉調味。
4. 沿著鍋邊再淋下 2 大匙油，倒下蛋汁，輕輕推動蛋汁和絞肉混合，煎至蛋汁凝固。

Ginisang Itlog na may Baboy at Sibuyas

Mga Sangkap：2 K giniling na baboy, 1/4 sibuyas, 4 na itlog, 1/3 k asin
Panimpla：(1) kaunting toyo at cornstarch, 1 k tubig
(2) 1 k toyo, kaunting paminta

● Paraan ng Pagluto：

1. Ihalo ang karne sa panimpla (1).
2. Gayatin ang sibuyas; batihin ang itlog na may 1/3 kutsaritang asin.
3. Igisa ang karne sa 1 kutsarang mantika, isunod ang sibuyas, igisa hanggan sa bumango, timplahan ng toyo at paminta.
4. Maglagay ng 2 kutsarang mantika sa gilig ng mantika at ilagay ang itlog. Dahan
5. dahang ihalo ang itlog sa karne. Lutuin hanggang mabuo ang itlog.

Tumis bawang bombay, telor dan babi cincang

Bahan：2 sdm babi cincang, 1/4 bawang bombay, 4 butir telor, 1/3 sdm garam
Bumbu：(1) sedikit kecap, dan tepung, 1 sdm air
(2) 1 sdm kecap, lada

● Cara memasak :

1. Campurkan bumbu (1) sama babi cincang.
2. Iris bawang bombay, kocok telor, tambahkan 1/3 sdm garam.
3. Tumis babi dengan 1 sdm minyak da masukan bawang bombay, tumis sampai wangi bumbui kecap dan lada.
4. Tuangkan 2 sdm minyak ke wjan tambahkan telor aduk jadi satu, tumis telor sama babi sampai telor matang. Siap sajikan.

香腸炒蛋

材　料：香腸 2 條、蛋 4 個、蔥花 1 大匙
調味料：鹽 1/3 茶匙、水 2 大匙

● 做法：

1. 香腸整條蒸熟或用微波煮熟，稍涼後切成片。
2. 蛋加鹽打散，再加入水 2 大匙攪勻。
3. 鍋中熱油 2 大匙，放下香腸和蔥花略炒一下，倒下蛋汁，用鏟子攪動蛋汁，見蛋汁凝固已熟便可盛出。

★ Tips

加水炒出的蛋比較嫩。

Ginisang Itlog na may Longganisa

Mga Sangkap：2 pirasong Chinese longganisa, 4 na itlog,
1 tangkay tinadtad na dahon ng sibuyas
Panimpla：1/3 k asin, 2 K tubig

● Paraan ng Pagluto：

1. Pasingawan o I-microwave ang longganisa para maluto, hiwain pag di na mainit.
2. Batihin ang itlog na may asin. Lagyan ng tubig at haluin maigi.
3. Igisa ang longganisa at dahon ng sibuyas sa 2 kutsarang mantika. Ibuhos ang itlog, iprito hanggang mabuo. Hanguin.

★ Tips

Ang pagdagdag ng tubig sa itlog ay nagpapalambot.

Sosis goreng telor

Bahan：2 ptg sosis cina, 4 butir telor, 1 sdm daun bawang iris
Bumbu：1/3 sdm garam, 2 sdm air

● Cara memasak :

1. Stim atau oven dulu sosis cina sampai matang. Kalau sudah dingin potong-potong miring.
2. Kocok telor tambahkan garam dan air kocok lagi.
3. Panaskan minyak 2 sdm tumis sosis dan daun bawang, tuangkan telor tumis jadi satu masak sampai matang, siap sajikan.

★ Tips

Tambahkan air ke telor agar telor lembut enggak keras.

蔬菜排骨湯

材　料：小排骨 300 公克、蔥 2 支、高麗菜 300 公克、洋蔥 1 個、胡蘿蔔 1 支、番茄 3 個
調味料：鹽 2 茶匙、胡椒粉隨意

● 做法：

1. 小排骨切成 1 吋長，洗淨後，在 3 杯開水中燙 20 秒鐘，撈出洗淨。再投入另外 6 杯的開水中，加蔥 2 支同煮約半小時。
2. 高麗菜洗淨、切成半個手掌大小；洋蔥切 1/2 吋寬條；胡蘿蔔切滾刀塊；番茄用開水燙過剝皮後，每個切為 6 塊。
3. 炒鍋內燒熱 3 大匙油，放入洋蔥，用小火慢慢炒軟，至洋蔥香氣透出。
4. 加入番茄再炒片刻，再繼續加入高麗菜及胡蘿蔔同炒，炒至高麗菜已軟，即注入做法 1 之排骨湯同煮，約 20 分鐘，至胡蘿蔔夠爛為止，加鹽調味，便可裝大碗中。

★ Tips

不用排骨湯時，用約 5 大匙油炒香蔬菜亦可，同時還可以加入馬鈴薯、洋菇丁同煮。

Sopas na may Buto ng Baboy at Gulay

Mga Sangkap：300g buto ng baboy, 2 tangkay ng dahon ng sibuyas, 300g repolyo, 1 sibuyas, 1 karot,3 kamatis

Panimpla：2 k asin, paminta

● Paraan ng Pagluto：

1. Hiwain ang buto 1 sentimetrong kwadrado. Pakuluan sa 3 tasang tubig ng 20 segundo. Hanguin at hugasan. Lutuin ang buto sa 6 na tasang kumulong tubig ng 1/2 oras (lagyan ng 2 dahon ng sibuyas).
2. Hiwain ang repolyo ng 2 na sentimetrong haba; hiwain ang sibuyas ng 1.5 sentimetrong lapad. Hiwain ang karot ng 1 sentimetrong kwadrado. Balatan ang kamatis at hiwain sa 6 na piraso.
3. Igisa sa 3 kutsarang mantika ang sibuyas sa maliit na apoy hanggang sa bumango at lumambot.
4. Ilagay ang kamatis at igisa uli. Ilagay ang reploy0 at karot, gisahin hanggang sa lumambot ang repolyo. Ilagay ang buto ng baboy at sabaw. Ilaga ng 20 minuto hanggang lumambot ang karot. timplahan ng asin. Ilagay sa mangkok at ihain.

★ Tips

Kung hindi gagamit ng sabaw, pwede gumamit ng 5 kutsarang mantika para igisa ang gulay kahit anong gulay ay pwede isahog sa ganitong sopas.

Sup tulang babi dan sayuran

Bahan：300g tulang babi, 2 btg daun bawang, 300g kol, 1 bawang bombay, 1 wortel, 3 tomat

Bumbu：2 sdm garam, lada, hitam, buat peras

● Cara memasak :

1. Tulang babi / baikut dipotong-potong dan rebus sebentar, angkat dan cuci. Dan masak lagi dengan air baru, selama 1/2 jam, masukan daun bawang.
2. Kol iris kecil memanjang, iris bawang bombay, potong wortel, kupas tomat dan potong menjadi 6 potong.
3. Panaskan 3 sdm minyak tumis bawang bombay sampai harum.
4. Masukan tomat, kol, wortel. Dan masukan kuah tulang babi, masak selama 20 menit, sampai wortel matang, tambahkan garambila perlu. Angkat tuang dalam mangkok. Sap sajikan.

★ Tips

Kalau anda enggak mengunakan kaldu dari tulang anda bias menggunakan minyak untuk menumis sayuran, dan semua jenis sayur bias buat sup ini, tergantung selera anda, silahkan mencoba.

冬菇燉雞湯

材　料：半土雞 1/2 隻、小香菇 8 朵、薑 2 片
調味料：酒 1 大匙、鹽 2 茶匙、開水 6 杯

● 做法：

1. 將雞連骨斬剁成 1 吋四方大小，全部用開水燙 30 秒鐘。撈出後，將有血塊處摘淨、沖洗清爽，裝入蒸鍋或大碗中。
2. 香菇用冷水泡軟，剪下菇蒂後放入雞內，並加入薑片，注滿開水，淋下酒即移到蒸鍋或電鍋內，用大火蒸 1 小時至 1 小時半。
3. 撒下鹽調味後，整碗端到桌上趁熱分食。

Sopas na Manok at Kabute

Mga Sangkap：1/2 na manok, 8 pirasong itim na kabute, 2 slices luya
Panimpla：1 K alak, 2 k asin, 6 na tasang kumukulong tubig

Paraan ng Pagluto：

1. Hiwain ang manok sa 1 sentimetrong laki. Pakuluan ng 1 minuto. Hanguin at hugasan. Ilagay sa mangkok.
2. Ibabad ang kabute sa tubig ng 30 minuto. Alisin ang tangkay. Ilagay sa mangkok kasama ng manok. Lagyan ng luya, alak at mainit na tubig. Pasingawan ng 1 ~ 1 1/2 oras.
3. Timplahan ng asin. Alisin ang mangkok sa pasingawan at ihain ng mainit.

Sup ayam jamur hitam

Bahan：1/2 ayam, 8 jamur hitam, 2 ruas jahe
Bumbu：1 sdm arak, 2 sdm garam, 6 liter air

Cara memasak :

1. Ayam dipotong ~ potong dan cuci bersih,dan tiriskan taruh dalam mangkok.
2. Rendam jamur hitam dengan air dingin selama 30 menit,potong jamur, campur jadi satu sama ayam, jahe, arak, masak selama 1 ~ 1 1/2 jam.
3. Tambahkan garam, taruh dalam mangkok. Sajikan sup selagi masih panas.

浮雲鱈魚羹

材　料：鱈魚 250 公克、嫩豆腐 1 塊、豆腐衣 2 張、蛋 1 個、青蒜 1/2 支
　　　　蔥 2 支（切段）、薑 3～4 片

調味料：（1）醃魚料：鹽、胡椒粉各少許、太白粉 2 茶匙
　　　　（2）酒 2 大匙、醬油少許、鹽 1 茶匙、胡椒粉適量、太白粉水適量

● 做法：

1. 鱈魚去骨、去皮，魚肉切成指甲片，用醃魚料醃 15 分鐘。
2. 鍋中熱 2 大匙油，煎香蔥段、薑片和魚骨等，淋下 1 大匙酒和水 7 杯，煮滾後改小火煮 20 分鐘，過濾掉魚骨等，做成魚高湯。
3. 豆腐切小片；蛋打散；青蒜切絲。
4. 魚清湯（加水再成為 5～6 杯的量）中放入豆腐煮滾，加少許醬油調色後，加鹽調味，放入撕成小片的豆腐衣和魚肉煮滾後勾芡，淋下蛋花，關火、撒下青蒜絲和胡椒粉。

Sopas na Bakalaw

Mga Sangkap：250g Bakalaw, 1 malambot na tokwa, 2 piraso ng tuyong tokwa, 1 itlog,
1/2 tangkay ng dahon ng bawang, 2 tangkay ng dahon ng sibuyas, 3～4 na hiwa ng luya

Panimpla：(1) panghalo sa bakalaw: kaunting asin at paminta, 2 k cornstarch
(2) 2 K alak, kaunting toyo, 1 k asin, paminta, cornstarch na may tubig

Paraan ng Pagluto：

1. Alisin ang balat at buto sa bakalaw. Hiwain ng maliliit at ihalo sa asin, pamonta at cornstarch. Itabi ng 15 minuto.
2. Igisa ang dahon ng sibuyas, luyas at buto ng bakalaw sa 2 kutsarang mainit na mantika. Buhusan ng 1 kutsarang alak at 7 tasang tubig, matapos kumulo lutuin ng 20 minuto, salain ang sabaw.
3. Hiwain pakwadrado ang tokwa; batihin ang itlog; gayatin ang dahon ng bawang.
4. Ilagay ang tokwa sa sabaw, pakuluan. Lagyan ng toyo para magkulay kayumanggi ang sabaw. Timplahan ng asin. Punitin ang tuyong tokwa at ilagay sa sabaw kasama ng bakalaw. Pakuluan at palaputin ng cornstarch na may tubig, ilagay ang itlog. Patayin ang apoy, ilagay ang dahon ng bawang at lagyan ng paminta.

Sup ikan cod

Bahan：250g ikan cod, 1 kotak tahu lembut, 2 ptg tahu kering, 1 telor,
1/2 btg daun bawang son, 2 btg daun bawang , 3～4 ruas jahe

Bumbu：(1) ikan dilumurin dulu sama garam, lada, dan tepung sebelum di masak
(2) 2 sdm arak, sedikit kecap, 1 sdm garam, lada, tepung

Cara memasak：

1. Angkat kulit dan tulang ikan, potong tipis ukuran kecil,bumbui dan diamkan selama 15 menit.
2. Panaskan 2 sdm minyak tumis daun bawang son. Jahe dan tulang ikan, tuangkan 1 sdm arak, dan 7 cangkir air, masak dan didihkan selama 20 menit,pisahkan kuah.
3. Siapkan tahu, kocok telor, dan daun bawang.
4. Masukan tahu ke sup, didihkan tambahkan kecap untuk mewarnai sup jdi warna kecoklatan , tambahkan garam, potong kembang tahu dan masukan kaldu dan ikan didihkan masukan cairan tepung, tuangkan telor, matikan api tambahkan daun bawang dan lada. Siap sajikan.

莧菜豆腐羹

材　料：肉絲 80 公克、莧菜 300 公克、豆腐 1/2 盒、蔥 1 支（切段）
調味料：（1）鹽 1/4 茶匙、水 1 大匙、太白粉 1 茶匙
　　　　（2）醬油 1/2 茶匙、鹽 1/2 茶匙、太白粉水 2 大匙、白胡椒粉少許、麻油數滴

● 做法：

1. 肉絲用調味料（1）拌勻，醃 20 分鐘。
2. 莧菜去根洗淨，在滾水中快速燙一下，撈出沖涼，擠乾，剁碎。豆腐切薄片。
3. 用 1 大匙油炒黃蔥段，淋下醬油烹香，加入 5 杯水和豆腐片，煮滾後放下莧菜，再煮滾即放下肉絲，用大湯杓攪散肉絲。
4. 湯再煮滾就可以加鹽調味，以太白粉水勾芡，關火後灑些胡椒粉、滴下麻油。

Gulay at Tokwa na Sopas

Mga Sangkap：80g ginayat na baboy, 300g Chinese white spinach (o spinach),
1/2 na malambot na tokwa, 1 tangkay ng dahon ng sibuyas (seksyon)

Panimpla：(1) 1/4 k asin, 1 K tubig, 1 k cornstarch
(2) 1/2 k toyo, 1/2 k asin, 2 K cornstarch na may tubig,
kaunting putting paminta kaunting sesame oil

Paraan ng Pagluto：

1. Ihalo ang baboy sa panimpla (1) at itabi ng 20 minuto.
2. Hugasan at gupitin ang spinach , pakuluan ng mabilis , hanguin at palamigin sa tubig. Pigain at tadtarin ng pino. Hiwain pakwadrado ang tokwa.
3. Igisa ang dahon ng sibuyas sa 1 kutsarang mantika. Ilagay ang toyo at tubig, ilagay ang tokwa at pakuluan. Ilagay ang spinach, hintaying kumulo at ilagay ang baboy. Haluin ang baboy para maghiwa hiwalay.
4. Timplahan ng asin, palaputin ng cornstarch na may tubig at lagyan ng sesame oil matapos patayin ang apoy.

Sup sayur dan tahu

Bahan：80g babi ptg korek, 300g xiang cai / wansui, 1/2 kotak tahu lembu, 1 btg daun bawang

Bumbu：(1) 1/4 sdm garam, 1 sdm air, 1 sdm tepung
(2) 1/2 sdm kecap, 1/2 sdm garam, 2 sdm maizena, lada putih, dan minyak wijen

Cara memasak :

1. Bumbuin babi dengan bumbu (1).
2. Cuci daun wansui dengan air dingin dan peras dan cincang, siapkan tahu.
3. Tumis daun bawang dengan 1 sdm minyak tambahkan kecap, air, tahu, didikan tambahkan daun wansui,sesudah mendidih masukan babi aduk.
4. Setelah mendidih masukan garam, masukan tepung maizena dan lada, dan beberapa tetes minyak wijen. Siap sajikan.

番茄玉米羹

材　料：玉米醬（罐頭）1/2 罐、番茄丁 1 杯、香菇片 1/2 杯、青豆 1/3 杯、清湯或水 6 杯
調味料：酒 1/2 大匙、鹽 1 茶匙、太白粉水 4 大匙、蛋白 1 個

● 做法：

1. 在炒鍋內燒熱油後，淋下酒爆香，隨即將清湯倒入，再將玉米醬也倒下攪勻。
2. 待煮至沸滾後放鹽調味，並將香菇片及番茄丁、青豆也落鍋，再煮約 5 分鐘。
3. 改成小火，然後慢慢淋下太白粉水勾芡。
4. 蛋白在小碗內先打散，再將碗提高、慢慢淋入湯中，關火後輕輕攪動一下，待全部材料均勻即可盛入大碗內。

Sopas na Kamatis at Sweet Corn

Mga Sangkap：1/2 na sweet corn , 1 tasang hiniwang pakwadrado na kamatis,
1/2 tasang hiniwang kabuteng shitake, 1/3 tasang gisantes,
6 na tasang sabaw o tubig

Panimpla：1/2 K alak, 1 k asin, 4 K cornstarch na may tubig, 1 K puti ng itlog

● Paraan ng Pagluto：

1. Magpainit ng 2 kutsarang mantika sa kawali. Buhusan ng alak at ilagay ang sabaw agad. Ilagay ang mais at ihalo maigi. hintaying kumulo ang sabaw.
2. Timplahan ng asin. Ilagay ang kabute, kamatis at gisantes, lutuin ng 5 minuto.
3. Pahinaan ang apoy kapag kumulo. Palaputin ng cornstarch ang sabaw.
4. Batihin ang itlog at ibuhos ng dahan dahan sa sabaw. Patayin ang apoy, ilagay sa mangkok at ihain.

Sup tomat jagung manis

Bahan：1/2 kaleng jagung manis, 1 mangkok irisan tomat,
1/2 mangkok jamur shitake, 1/3 mangkok kacang polong, 6 cangkir kaldu / air

Bumbu：1/2 sdm arak, 1 sdm garam, 4 sdm tepung sagu, 1 sdm telor putih

● Cara memasak :

1. Panaskan 2 sdm minyak diatas wajan, kasih arak dan langsung tuangkan kaldu / air. Masukan jagung manis, aduk rata masak sampai mendidih.
2. Masukan garam, jamur , tomat, dan kacang polong. Masak selama 5 menit.
3. Setelah mendidih api kecilkan, kentalkan sup dengan tepung sagu.
4. Kocok telor putih, dan tuangkan pela-pelan ke dalam sup matikan api. Tuang ke mangkok. Siap sajikan.

酸辣湯

材　料：豬肉絲 100 公克、豆腐 1 方塊、雞血 1 塊（或以木耳代替）、筍 1 支
　　　　蛋 1 個、清湯 5 杯、蔥花 1 大匙

調味料：醬油 2 大匙、鹽適量調味、太白粉水 4 大匙、胡椒粉 1 茶匙、醋 2 大匙
　　　　麻油 1/2 大匙

● 做法：

1. 豬肉絲用少許醬油、太白粉和水拌勻醃 20 分鐘。筍了切成細絲。
2. 豆腐和雞血分別切絲，雞血要多漂洗幾次；蛋打散備用。
3. 清湯放在鍋內，加筍絲一起燒開，煮 10 分鐘，加入豆腐及雞血絲煮滾，加醬油和鹽調味。
4. 再煮滾後才加入肉絲，並用太白粉水勾芡，淋下蛋汁，輕輕攪動形成蛋花。
5. 大湯碗中放醋、胡椒粉和麻油，倒下湯料，撒下蔥花即可上桌，吃時再依個人喜好加胡椒粉和醋。

Maanghang at Maasim na Sopas

Mga Sangkap：100g karne ng baboy, 1 pirasong tokwa (2" x 2"),
1 pirasong dugo ng manok (1/2 tasang tenga ng daga), 1 labong, 1 itlog,
5 tasang sabaw, 1 K tinadtad na dahong sibuyas

Panimpla：2 K toyo, 1 k asin, 4 K cornstarch na may tubig, 1 k paminta, 2 K suka, 1/2 K sesame oil

● Paraan ng Pagluto：

1. Ihalo ang karne sa toyo, cornstarch at tnbig ng 20 minuto. Hiwain sa manipis ang labong.
2. Hiwain sa maninipis ang dugo ng manok, hugasan ng 2～3 beses. Batihin ang itlog.
3. Pakuluan ang labong at sabaw ng 10 minuto. Ilagay ang tokwa at dugo, pakuluan. Timplahan ng toyo at asin.
4. Ilagay ang hiniwang karne, palaputin ng cornstarch ng may tubig. Ibuhos ang itlog at haluin ng dahan-dahan.
5. Ilagay sa mangkok ang suka at sesame oil, ilagay ang sopas, budburan ng dahon ng sibuyas. Ihain. Nasa sa iyo kung mag-dadagdag ka ng suka at paminta.

Sup asem pedas

Bahan：100g babi, 1 ptg tahu (2x2) , 1 didih / darah ayam masak,1 rebung, 1 telor,
5 cangkir kaldu, 1 sdm daun bawang cincang

Bumbu：2 sdm kecap, garam, 4 sdm tepung sagu, 1 sdm lada, 2 sdm cuka, 1/2 sdm minyak wijen

● Cara memasak :

1. Bumbui babi sama kecap, tepung sagu dan air diamkan 20 menit.
2. Iris rebung, tahu, didih ayam cuci 2～3 kali, kocok telor.
3. Rebus rebung dengan kaldu selama 10 menit, masukan tahu dan didih ayam, garam dan kecap.
4. Masukan babi dan tepung sagu, untuk mengentalkan sup, masak dengan api kecil dan aduk rata.
5. Kasih lada, cuka, dan minyak wijen, tuang dalam mangkok kasih daun bawang. Siap sajikan. Kasih lada dan cuka atau terserah selera anda.

蘿蔔絲蛤蜊湯

材　料：蛤蜊 15 粒、白蘿蔔 300 公克、嫩薑絲 1/4 杯、清湯或水 6 杯、香菜少許
調味料：鹽 2/3 茶匙、白胡椒粉少許

● 做法：

1. 蛤蜊要浸泡在薄鹽水中吐沙，約 2～3 小時後，洗淨備用。
2. 白蘿蔔削去皮後，直切成細絲（約 2 吋長），在滾水中燙 1 分鐘撈出，用冷水沖涼。
3. 鍋中燒滾清湯後，放下蘿蔔絲，以小火煮至蘿蔔絲夠軟而透明時，放下嫩薑絲和蛤蜊，大火煮至蛤蜊均已開口便熄火，加鹽調味，撒下香菜和白胡椒粉即可裝碗上桌。

★ Tips

可用鮮魚代替蛤蜊，煮至湯汁白濃。

Imbao at Labanos na Sopas

Mga Sangkap：15 pirasongs Imbao, 300g labanos, 1/4 tasang luya (hiniwa ng maninipis), 6 tasang sabaw o tubig, wansoy

Panimpla：2/3 k asin, paminta

Paraan ng Pagluto：

1. Ibabad ang imbao sa tubig na may asin (2 tasang tubig at 1/2 kutsaritang asin) ng 2～3 na oras. Hugasan.
2. Balatan at hiwain pahaba ng 2 sentimetrong haba ang labanos. Pakuluan sa tubig ng 1 minuto. Hanguin at ibabad sa malamig na tubig.
3. Pakuluan ang 6 na tasang sabaw o tubig. Ilagay ang labanos, pakuluan hanggang lumambot. Ilagay ang imbao at luya. Pakuluan sa malaking apoy hanggang sa bumukas ang imbao. Timplahan ng asin, budburan ng wansoy at paminta. Ilagay sa mangkok at ihain.

★ Tips

Ang isdang tilapia ay masarap din gamitin sa ganitong sopas.

Sup lobak sama kerang

Bahan：15 kerang, 300g lobak, 1/4 irisan jahe, 6 cangkir kaldu / air, daun wansui

Bumbu：2/3 sdm garam, lada

Cara memasak :

1. Rendam kerang kasih garam (dengan 2 cangkir air dan 1/2 sdm garam) , selama 2～3 menit.
2. Kupas dan iris lobak, rebus sebentar dan angkat rendam dengan air dingin.
3. Masak kaldu / air masukan lobak masak sampai lunak, tambahkan kerang dan jahe masak sampai kerang membuka, tambahkan garam lada, daun wansui, angkat tuang dalam mangkok. Siap sjikan.

★ Tips

Anda juga bias masak sup ini dengan selain kerang, makanan laut lainya dengan lobak juga sangat lezat.

翡翠炒飯

材　料：青江菜 300 公克、火腿（或鹹肉、香腸均可）80 公克、蛋 1 個、
　　　　蔥屑 2 大匙、白米飯 4 碗
調味料：鹽 2 茶匙

● 做法：

1. 將青江菜洗淨、切碎，撒下 1 茶匙的鹽拌醃。約十數分鐘後，將水份擠乾，再用刀斬剁成小碎粒狀（愈碎愈好）。
2. 蛋打散、鍋中塗少許油，做成蛋皮，切成小丁；火腿（先蒸熟）也切成小丁。
3. 用 1 大匙油在鍋內燒熱，放下青江菜，以大火炒熟（約 20～30 秒鐘），盛出。
4. 另將炒鍋燒熱，放下油 2 大匙，待油熱後落蔥屑下鍋爆香，再倒下米飯炒至熱透。
5. 加鹽調味，並將青江菜及蛋丁、火腿丁等也放下一起拌炒，炒至十分乾鬆、均勻時便可裝盤上桌。

Sinangag na Emerald

Mga Sangkap：300g pechay, 80g ham o inihaw na baboy, 1 itlog, 2 K tinadtad na dahon ng sibuyas, 4 na tasang kanin

Panimpla：2 k asin

Paraan ng Pagluto：

1. Hugasan ang pechay at hiwain. Ihalo sa 1 kutsaritang asin ng 10 minuto pigain at tadtarin ng pino.
2. Painitin ng kaunting mantika sa kawali. Ibuhos ang binating itlog, gawing hugis pabilog na manipis. Alisin sa kawali at hiwain ng maliliit na kwadrado. Hiwain pakwadrado ang ham.
3. Igisa ang pechay sa 1 kutsarang mainit na mantika ng 20～30 segundo at hanguin.
4. Igisa ang nadtad na dahon ng sibuyas sa 2 kutsarang mainit na mantika ng 5 segundo. Ilagay ang kanin at ihalo hanggang uminit.
5. Timplahan ng asin, ilagay ang pechay, itlog at ham. Haluing maigi at ihain.

Nasi goreng（Emerald）

Bahan：300g kol hijau, 80g babi ham, 1 telor, 2 sdm irisan daun bawang, 4 mangkok nasi

Bumbu：2 sdt garam

Cara memasak :

1. Cuci kol hijau dan iris, remas dengan garam selam 10 menit, terus peras kering dan cincang.
2. Panaskan sedikit minyak diatas wajan, tuangkan telor goring dan angkat, iris kecil dan ham juga di iris.
3. Panaskan minyak 1 sdm tumis kol sebentar, angkat.
4. Panaskan 2 sdm minyak tumis daun bawang, dan masukan nasi masak sampai nasi panas.
5. Masukan garam, telor, ham, kol, dan aduk rata. Siap sajikan.

三鮮炒米粉

材　料：肉絲 100 公克、蝦仁 100 公克、香菇 3 朵、蛋 2 個、青江菜 200 公克
　　　　蔥 1 支（切段）、米粉 200 公克

調味料：醬油 1 大匙、鹽 1/2 茶匙、清湯 1 1/2 杯、太白粉適量

● 做法：

1. 肉絲用少許醬油、太白粉和水拌勻。蝦仁用鹽和太白粉抓拌均勻、醃好。香菇泡軟、切絲。蛋打散、煎成蛋皮後再切成絲。
2. 青江菜切段、用 2 大匙油炒軟，連汁盛出。
3. 米粉用溫水泡軟，瀝乾。
4. 肉絲和蝦仁用油分別炒熟，盛出，再放下香菇和蔥段炒香，先淋下醬油增香，再加入清湯和鹽，放下米粉拌炒均勻，倒下青江菜，蓋上鍋蓋、燜 2 分鐘。
5. 至湯汁收乾，加入肉絲和蝦仁，一手持筷子、一手拿鏟子將料和米粉拌炒均勻。最後撒下蛋皮絲便可裝盤。

Pansit Bihon na Home Style

Mga Sangkap：100g hiniwang baboy, 100g, 3 shitake na kabute, 2 itlog, 200g pechay, 1 tangkay ng dahong sibuyas (seksyon), 200g pansit bihon

Panimpla：1 K toyo, 1/2 k asin, 1 1/2 tasang sabaw

● Paraan ng Pagluto：

1. Ihalo ang karne ng baboy sa toyo, cornstarch at tubig. Ihalo ang hipon sa asin at cornstarch. Ibabad ang kabute sa tubig para lumambot, hiwain ng maninipis. Batihin ang itlog na may asin at cornstarch at hiwain sa manipis.
2. Alisin ang dulo ng pechay at hugasan, hiwain sa maliit na seksyon at igisa sa 2 kutsarang mantika hanggang lumambot, hanguin kasama ang tubig nito.
3. Ibabad ang pansit bihon sa maligamgam na tubig.
4. Igisa an gang karne at hipon ng nakabukod, hanguin. Igisa ang kabute at dahong ibuyas, lagyan ng toyo pra bumango, ilagay ang sabaw at asin, ilagay ang pansit at haluing maigi. Ilagay sa ibabaw ang pechay sa ibabaw, takpan at lutuin ng 2 minuto.
5. Isahog ang hipon at karne kapag nasipsip na ang sabaw. Ihalo ang pansit at mga sangkap ng maigi gamit ang chopstick ay spatula. Ilagay ang itlog at ihain.

Bihun goreng

Bahan：100g babi, 100g udang, 3 jamur, 2 telor, 200g kol hijau, 1 btg daun bawang, 200g bihun

Bumbu：1 sdm kecap, 1/2 sdm garam, 1 1/2 cangkir kaldu, tepung sagu

● Cara memasak :

1. Bumbi babi sama kecap dan tepung sagu dan air, bumbui udang sama garam dan tepung sagu, rendam jamur biar lunak, dan iris, kocok telor dan goring lalu iris.
2. Kol di cuci dan di iris, tumis dengan 2 sdm minak sampai lunak, dan angkat.
3. Rendam bihun dengan air hangat.
4. Tumis babi dan udang angkat, tumis daun bawang, jamur, tuangkan kecap, masak sampai harum, masukan kaldu dan garam masukan bihun aduk rata tuangkan kol diatasnya dan tutup selama 2 menit.
5. Tambahkan udang dan babi dan bumbu Ahsorbed, aduk jadi satu sama bihun, dan masukan semua bumbu aduk dengan sumpit dan sotel bersamaan terakhir kasih telor. Siap sajikan.

雞絲涼麵

材　料：熟雞胸 1/2 個、綠豆芽 100 公克、細麵條 250 公克或油麵 300 公克、黃瓜絲 1 杯
調味料：芝麻醬 2 大匙、醬油 2 大匙、冷開水 2 大匙、醋 1/2 大匙、糖 1/2 茶匙、蒜泥 2 茶匙
薑汁 1/2 茶匙、辣椒油 1/2 大匙、麻油 1/2 大匙、花椒粉 1/4 茶匙、細蔥花 1 大匙

● 做法：

1. 熟雞胸去骨後切成細絲。豆芽燙熟後撈出，沖涼後擠乾。
2. 把涼麵、豆芽、黃瓜排入盤中，再放上雞絲。
3. 芝麻醬用醬油及冷開水慢慢地分次加入、調稀，再加入其他的調味調勻。
4. 麻醬汁淋在涼麵上，可以撒上切碎的花生米或白芝麻增加香氣。

★ Tips

如用生麵條，要先把麵條放入滾水中煮熟，撈出放在大盤子裡，拌麻油和油，快速吹涼。

Pansit na may Manok

Mga Sangkap：1/2 na lutong dibdib ng manok, 100 gramong toge,
250g hilaw na pansit o 300g lutong pansit, 1 tasang maninipis na hiwa ng pipino

Panimpla：2 K sesame paste, 2 K toyo, 2 K tubig, 1/2 K suka, 1/2 k asukal,
2 k minasang bawang, 1/2 k katas ng luya, 1/2 K chili oil, 1/2 K sesame oil,
1/4 k pinulbos na pulang paminta, 1 K tinadtad na dahong sibuyas

Paraan ng Pagluto：

1. Alisin ang buto sa dibdib ng manok at gutayin. Pakuluan ng mabilis ang toge, hanguin at banlawan sa malamig na tubig at pigain.
2. Ilagay ang pansit, toge at pipino sa pinggan, ilagay ang manok sa ibabaw.
3. Ihalo ang sesame paste sa toyo at tubig ng paunti unti hanggang sa humalo ng maigi. Ilagay ang ibang panimpla at ihalong maigi.
4. Ibuhos ang sarsa sa pansit, pwede budburan ng tinadtad na ginisang mani or linga sa ibabaw para mas lalong bumango.

★ Tips

Kung sariwang pansit ang gagamitin, pakuluan sa tubig at haluan ng sesame oil at mantika at palamigin ng mabilis.

Mie ayam dingin

Bahan：1/2 ayam matang, 100g kacang tanah blender,
250g/300g mie matang yang dinginkan, 1 timun iris

Bumbu：2 sdm saus wijen, 2 sdm kecap, 2 sdm air, 1/2 sdm cuka, 1/2 sdm gula,
2 sdm bawang putih cincang, 1/2 sdm jusjahe, 1/2 sdm minyak cabe,
1/2 sdm minyak wijen, 1/4 sdm lada, 1 sdm daun bawang cincang

Cara memasak :

1. Ayam iris ambil tulangnya, rebus sebentar dan cuci dengan air dingin dan peras kering.
2. Mie dingin, kacang blender, timun taruh dipiring dan ayam taruh atasnya.
3. Kecap, saus wijen campur jadi satu dan sedikit air aduk, masukan bumbu lainya.
4. Tuangkan bumbu di atas mie, anda juga bias sajikan dengan kacang goring atau wijen diatasnya untuk menambahkan kelezatanya. Siap sajikan.

★ Tips

Untuk membuat mie jadi dingin masak mie sampai matang, angkat taruh dipiring dan campur minyak wijen dan minyak sayur, kipas sampai dingin.

榨菜肉絲麵

材　料：榨菜 200 公克、肉絲 100 公克、金針菇 1/2 包、蔥花 1 大匙、細麵條 200 公克
調味料：（1）醬油 1 茶匙、太白粉 1/2 茶匙、水 1/2 大匙
　　　　（2）醬油 1 茶匙、鹽少許、糖 1/2 茶匙、熱水 2 大匙、麻油 1 茶匙

● 做法：

1. 肉絲先用調味料（1）拌勻，醃 10 分鐘。
2. 金針菇洗淨，切除根部，再切成兩段。榨菜洗一下、切成細絲，用水再沖一下，漂去一些鹹味。
3. 用 2 大匙油先將肉絲下鍋炒熟，盛出，放下蔥花爆香，再加入榨菜、金菇和調味料（2）炒勻，最後放回肉絲、再炒一下就可以盛出。
4. 麵條煮熟。麵碗中加少許鹽和醬油，加入熱水、糖和麻油，再放入麵條，上面加上榨菜肉絲即可。

Preserbang Mustasa at Baboy na Sopas

Mga Sangkap：200g Preserbang na mustasa, 100g baboy, 1/2 na pakete ng kabute,
1 K tinadtad na dahong sibuyas, 200g pansit

Panimpla：(1) 1 k toyo, 1/2 k cornstarch, 1/2 K tubig
(2) 1 k toyo, asin, 1/2 k asukal, 2 K mainit na tubig, 1 k sesame oil

Paraan ng Pagluto：

1. Ihalo ang karne sa panimpla (1) at itabi ng 10 minuto.
2. Alisin ang dulo ng kabute at hiwain sa gitna. Hugasan ang mustasa at hiwain ng maninipis, hugasan ulit para maalis ang maalat na lasa.
3. Igisa ang karne sa 2 kutsarang mantika, hanguin. Igisa ang dahong sibuyas, ilagay ang mustasa, kabute at panimpla (2), ihalo maigi. ilagay ang karne , gisahing mabuti at ihain.
4. Pakuluan ang pansit para maluto. sa isang mangkok, ilagay ang kaunting asin, toyo, asukal, sesame oil mainit na tubig, ilagay any pansit at ilagay sa ibabaw ang ginisang mustasa.

Mie zha-cai daging babi kuah

Bahan：200g zha～cai / sayur asin, 100g babi iris, 1/2 ikat jamur jarum,
1 sdm daun bawang cincang, 200g mie

Bumbu：(1) 1 sdm kecap, 1/2 sdm tepung sagu, 1/2 sdm air
(2) 1 sdm kecap, sedikit garam, 1/2 sdm gula, 2 sdm air, 1 sdm minyak wijen

Cara memasak :

1. Bumbui babi sama bumbu (1) selama 10 menit.
2. Cuci jamur potong jadi 2 bagian. Cuci asinan dan iris, dan cuci lagi untuk menghilangkan asinnya.
3. Tumis babi dengan 2 sdm minyak, masukan daun bawang, masukan asinan, dan bumbu (2) tumis lagi, angkat babi taruh di piring.
4. Masak mie sampai matang, angkat tuang dalam mangkok tambahkan garam, kecap, gula, minyak wijen, tuang air panas, dan kasih tumian asinan / zha-cai di atasnya. Siap sajikan.

大滷麵（4人份）

材　料：熟豬肉片1杯、海參1條、蝦仁20隻、木耳（泡發）1/2杯
　　　　黃瓜片（或小白菜）1/2杯、蛋2個、細麵條500公克、清湯6杯

調味料：醬油3大匙、鹽1茶匙、太白粉水3大匙、麻油1/2大匙、花椒油1/2大匙

● 做法：

1. 蝦仁每隻均在背部切劃一條刀口；海參先用水（加酒少許）煮10分鐘除去腥味後切斜片。
2. 將清湯煮滾後，放下肉片、木耳、海參、蝦仁及黃瓜片，並放醬油和鹽調味。待再度煮滾時，淋下太白粉水勾芡成稀糊狀。
3. 將火改小並淋下打散之蛋汁、慢慢攪勻，待蛋絲凝結浮到湯面時將火關熄。滴下麻油與花椒油便成。
4. 在一大鍋滾水中將麵條煮熟，撈出1/4到一只碗內，澆上一杯半量之做法3滷料，即成為一份大滷麵。

★ Tips

花椒油做法：將1/2杯的油加熱，放下1大匙花椒粒，小火炸到花椒變黑時，撈出花椒粒即是花椒油，可裝進小瓶內留用。

Sopas na Pansit na may Iba't ibang Karne

(pang apatan)

Mga Sangkap : 1 tasang lutong hiniwang baboy, 1 balatan, 20 pirasong malilit na hipon, 1/2 tasang tenga ng daga, 1/2 tasang hiniwang pipino (o ibang berdeng gulay), 2 itlog, 500g sariwang pansit, 6 na tasang sabaw

Panimpla : 3 K toyo, 1 k asin, 3 K cornstarch na may tubig, 1/2 K sesame oil, 1/2 K mantika ng brown peppercorn

Paraan ng Pagluto :

1. Alisin ang ugat sa likod ng hipon at hiwaan, hugasan at salain. Ilagay sa malamig na tubig ang balatan at lagyan ng alak, pakuluan, lutuin sa mahinang apoy ng 10 minuto. Hanguin at hiwain.
2. Pakuluan ang sabaw sa kaserola. Ilagay ang karne, tenga ng daga, balatan, hipon at pipino. Timplahan ng toyo at asin. Kapag kumulo, palaputin ng corstrach.
3. Pahinaan ang apoy. Ibuhos ang itlog ng dahan dahan at haluin. Patayin ang apoy. Buhusan ng sesame oil at mantika ng brown peppercorn sa ibabaw.
4. Pakuluan ang pansit sa tubig. Kapag luto na ang pansit ilipat sa mangkok. Lagyan ng 1 1/2 tasang sabaw ang pansit at ihain agad.

★ Tips

Sa paggawa ng mantika ng peppercorn: igisa ang 1 kutsarang peppercorn sa 1/2 tasang mantika, igisa hanggang umitim ang paminta, itapon ang paminta at salain ang mantika nito at ilagay sa bote.

Mie kuah daging assorted (4 porsi)

Bahan : 1 mangkok daging babi iris tipis, sudah matang, 1 timu laut, 20 udang kecil, 1/2 cangkir rendaman jamur kuping, 1/2 mangkok irisan timun / sayur hijau, 2 telor, 500g mie segar, 6 mangkok kaldu

Bumbu : 3 sdm kecap, 1 sdm garam, 3 sdm tepung sagu, 1/2 sdm minyak wijen, 1/2 sdm lada coklat minyak jagung

Cara memasak :

1. Cuci bersih udang dan tiriskan, taruh timun laut di air dingin dan kasih arak, masak dengan api kecil selama 10 menit, angkatn iris tipis.
2. Masak kaldu di panci saus, tambahkan jamur kuping, timun laut, udang, dan bumbu kecap, garam, kalau sudah mendidih kentalkan sama tepung sagu.
3. Putar api besar masukan telor pelan-pelan masak sampai matang,matikan api, kasih lada dan minyak wijen.
4. Masak mie, angkat taruh jadi 4 mangkok, tuangkan saus diatas mie, langsung sajikan.

★ Tips

Untuk membuat lada coklat minyak jagung, oreng 1 sdm lada coklat jagung dengan minyak 1/2 cangkir, goring sampai berwarna hitam simpan lada di botol kecil.

北方炸醬麵（4 人份）

材　料：新鮮麵條 500 公克、豬絞肉（或牛絞肉）300 公克、大白菜 200 公克、蝦米 2 大匙
　　　　毛豆 2 大匙、蔥屑 3 大匙、黃瓜 1 條（切絲）或綠豆芽 1 杯、蛋 2 個、胡蘿蔔絲 1/2 杯
調味料：鹽 1 茶匙、甜麵醬 4 大匙、醬油 2 大匙、薑汁 1/2 大匙、糖 1/2 茶匙、麻油 1 茶匙

● 做法：

1. 將大白菜全部切成如紅豆般大小之粒狀；蝦米泡軟後略加切碎備用。
2. 甜麵醬盛在碗內，加入醬油、薑汁、糖和麻油調勻。
3. 起油鍋先用 4 大匙油炒豬肉及蝦米，約半分鐘後，再加入白菜丁炒軟，注入清水 1/2 杯，蓋上鍋蓋煮約 3 分鐘全部盛出。
4. 另燒熱 2 大匙油在炒鍋內爆炒蔥屑，隨即將調拌過之甜麵醬傾下鍋中，用小火炒香，再將做法 3 之材料落鍋，大火炒拌均勻後，再以小火煮 15 分鐘（最後 3 分鐘加入毛豆同煮）便可盛入深碟子中。
5. 將麵條煮熟後撈出，沖過冷開水再瀝乾，分別盛在碗中上桌。
6. 食時放上 2 大匙炸醬及少許黃瓜絲、蛋皮絲或綠豆芽、胡蘿蔔絲等，應多加調拌均勻。

Pansit na may Giniling na Baboy at Bean Sauce (pang apatan)

Mga Sangkap：500g sariwang pansit, 300g giniling na karne (o karneng baka), 200g baguio pechay, 2 K hibi, 2 K sariwang soya beans, 3 K tinadtad na dahong sibuyas, 1/2 tasang hiniwang pipino (o toge), 2 itlog, 1/2 tasang hiniwang karot

Panimpla：1 k asin, 3 K soy bean paste, 2 K toyo, 1/2 k katas ng luya, 1/2 k asukal, 1 k sesame oil

Paraan ng Pagluto：

1. Tadtarin ang pechay, ibabad ang hibi sa maligamgam na tubig ng 10 minuto at tadtarin ng kaunti.
2. Haluin ang soybean paste, asukal, katas ng luya at sesame oil. Haluing maigi.
3. Igisa ang giniling na baboy at hibi sa 4 na kutsarang mantika. Pagkaraan ng 1/2 minuto, ilagay ang pechay at igisa hanggang lumambot. Lagyan ng 1/2 tasang tubig, takpan at lutuin ng 3 minuto sa mahinang apoy. Hanguin.
4. Igisa ang dahong sibuyas a 2 kutsarang mantika, ilagay ang soybean paste at haluin. Ilagay ang karne na niluto, igisa sa malakas na apoy at pakuluan ng 15 minuto (ilagay ang soya beans 3 minuto bago maluto). ilagay sa mangkok.
5. Pakuluan ang pansit sa tubig hanggang maluto. hanguin at palamigin sa malamig na tubig at salain. Ihain ang pansit sa tig isang mangkok.
6. Ilagay ang 1～2 kutsarang sarsa sa ibabaw ng pansit. Pwede lagyan ng hiniwang pipino, karot, itlog at lutong toge ang pansit.

Mie kacang saus daging babi (4 porsi)

Bahan：500g mie segar, 300g babi cincang (sapi) , 200g kol cina, 2 sdm udang kering, 2 sdm kacang kedelai (kacang polong), 3 sdm daun bawang cincang, 1/2 mangkok irisan timun, 2 telor, 1/2 mangkok wortel iris

Bumbu：1 sdm garam, 4 sdm saus kecap, 2 sdm kecap, 1/2 sdm jus jahe, 1/2 sdm gula, 1 sdm minyak wijen

Cara memasak :

1. Potong kol dan rendam udang kering, dengan air hangat selama 10 menit, lalu cincang.
2. Jadikan satu saus kecap, kecap, gula, jahe, dan minyak wijen aduk rata.
3. Panaskan 4 sdm minyak tumis babi dan udang kering setelah 1/2 menit masukan kol tumis sampai lunak, tambahkan 1/2 cangkir tutup selama 3 menit, dengan api kecil. Angkat.
4. Panaskan 2 sdm minyak tumis daun bawang sebentar masukan saus kecap, tumis sampai wangi masukan daging masak dengan api besar, tutup selama 15 menit, setelah 3 menit masukan kacang kedelai. Angkat taruh di mangkok.
5. Masak mie matang angkat taruh di air dingin dan tiriskan, taruh mie di mangkok masing-masing. Kasih 1～2 sdm saus daging diatas mie dan tambahkan irisan timun dan wortel, telor kacang jadi satu sama mie, siap sajikan.

番茄海鮮義大利麵

材　料：蝦子 5～6 隻、蛤蜊 10 粒、新鮮魷魚 1/2 條、熟紅番茄 1 個、洋蔥末 2 大匙
　　　　大蒜末 1/2 大匙、清湯 1/4 杯、九層塔葉 3～4 片、義大利麵 100 公克
調味料：白酒 1 大匙、番茄膏 1 大匙、鹽、胡椒粉各適量

● 做法：

1. 蝦子抽腸砂；蛤蜊泡鹽水吐沙；魷魚切圓圈；紅番茄燙過、去皮、切小丁。
2. 義大利麵放入多量的滾水中煮熟（水中加鹽和橄欖油），撈出、瀝乾水分。
3. 用 2 大匙橄欖油炒香洋蔥末和大蒜末，加入海鮮料再炒，淋下白酒，再加入番茄和清湯，炒煮至滾。
4. 加鹽和胡椒粉調味，放入麵條拌勻，煮至收汁、入味，拌入九層塔葉，盛入盤中。

★ Tips

可以用罐裝的去皮番茄，熟度和紅色均固定。

Spaghetti na may Sarsang Kamatis at Pagkaing Dagat

Mga Sangkap：5～6 na hipon, 10 pirasong imbao, 1/2 na pusit, 1 hinog at pulang kamatis, 2 K sibuyas, 1/2 K bawang, 1/4 tasang sabaw, 3～4 balanot, 100g spaghetti

Panimpla：1 K puting alak, 1 K tomato paste, asin at paminta

Paraan ng Pagluto：

1. Alisin ang ugat sa likod ng hipon, linising maigi. ibabad ang imbao sa tubig na may asin. Hiwain ang pusit. Pakuluan ang kamatis ng mabilis, ibabad sa malamig na tubig para maalis ang balat at hiwain ng pakwadrado.
2. Pakuluan ang spaghetti sa kumukulong tubig (lagyan ng asin at mantika ang tubig). Hanguin at salain kapag naluto.
3. Igisa ang sibuyas at bawang sa 2 kutsarang olive oil, ilagay ang pagkaing dagat, igisa pansamantala. Buhusan ng alak, ilagay ang kamatis at sabaw, pakuluan.
4. Timplahan ng asin at paminta, ilagay ang spaghetti, haluing mabuti hanggang masipsip ang sarsa. Ihalo ang balanoy at ihain.

★ Tips

Pwedeng gumamit ng de latang kamatis.

Spaghetti seafood saus tomat

Bahan :5～6 udang, 10 kerang, 1/2 sotong, 1 ikan dan tomat, 2 sdm bawang bombay cincang, 1/2 sdm bawang putih, 1/4 cangkir kaldu, 3～4 daun kemangi, 100g spaghetti

Bumbu :1 sdm arak putih, 1 sdm saus tomat, garam, dan lada

Cara memasak :

1. Kupas kulit udang dan cuci bersih, rendam kerang kasih edikit garam, sotong dipotong, rebus tomat sebentar, terus rendam pakai air dingin sebentar angkat tiriskan dan siapkan.
2. Masak spaghetti di paci gede, air kasih garam dan minyak, matang angkat dan tiriskan.
3. Tumis bawang bombay, bawang putih, sama 2 sdm minyak olive, masukan seafood, masak sebentar kasih arak dan tomat lalu didihkan.
4. Bumbui garam dan lada taruh spaghetti aduk jadi satu masak sampai saus meresap, tambahkan daun kemangi angkat di piring. Siap sajikan.

★ Tips

Anda juga bias pakai saus tomat kaleng.

外傭學做中國菜

作　　者　程安琪
編　　輯　林美齡
美術設計　王欽民、洪瑞伯
封面設計　劉錦堂

發 行 人　程安琪
總 策 劃　程顯灝
總 編 輯　呂增娣
資深編輯　吳雅芳
編　　輯　藍匀廷、黃子瑜
美術總監　劉錦堂
行銷總監　呂增慧
資深行銷　吳孟蓉

發 行 部　侯莉莉
財 務 部　許麗娟、陳美齡
印　　務　許丁財
出 版 者　橘子文化事業有限公司

總 代 理　三友圖書有限公司
地　　址　106 台北市安和路 2 段 213 號 9 樓
電　　話　(02) 2377-1163
傳　　真　(02) 2377-1213
E-mail　service@sanyau.com.tw
郵政劃撥　05844889 三友圖書有限公司

總 經 銷　大和書報圖書股份有限公司
地　　址　新北市新莊區五工五路 2 號
電　　話　(02) 8990-2588
傳　　真　(02) 2299-7900

初　　版　2016 年 01 月
二版一刷　2024 年 08 月
定　　價　新臺幣 290 元
I S B N　978-986-364-082-0(平裝)

國家圖書館出版品預行編目 (CIP) 資料

外傭學做中國菜 / 程安琪著 . -- 初版 . -- 臺北市 : 橘子文化 , 2016.01
面；　公分
中菲印對照
ISBN 978-986-364-082-0(平裝)

1. 食譜 2. 中國

427.11　　104028977